TRAITÉ DE GÉOMÉTRIE ÉLÉMENTAIRE

ENTIÈREMENT CONFORME

AUX NOUVEAUX PROGRAMMES OFFICIELS

PAR

MM. L. AUBIREUILLE ET C. DUMONT

ANCIENS ÉLÈVES À L'ÉCOLE POLYTECHNIQUE, PROFESSEURS DE MATHÉMATIQUES
À L'INSTITUTION DIOCÉSAINE DE TOUL

DEUXIÈME ÉDITION

Renfermant les courbes usuelles, le levé des plans, le nivellement et la mesure
numérique des corps.

AVEC PLANCHES

DEUXIÈME PARTIE

B. D. M.

TOULOUSE

TYPOGRAPHIE DE BONNAL ET...

Rue Saint-Rome, 46

1886

TRAITÉ

DE

GÉOMÉTRIE ÉLÉMENTAIRE.

TRAITÉ

DE

GÉOMÉTRIE

ÉLÉMENTAIRE

ENTIÈREMENT CONFORME

AUX NOUVEAUX PROGRAMMES OFFICIELS,

PAR

MM. L. AURIFEUILLE ET C. DUMONT,

ANCIENS ÉLÈVES A L'ÉCOLE POLYTECHNIQUE, PROFESSEURS DE MATHÉMATIQUES
A L'INSTITUTION DIOCÉSAINE DE PONS.

DEUXIÈME ÉDITION

Renfermant les courbes usuelles, le levé des plans, le nivellement et les notions sur la représentation
géométrique des corps.

AVEC PLANCHES.

DEUXIÈME PARTIE.

D. O. M.

TOULOUSE

TYPOGRAPHIE DE BONNAL ET GIBRAC

Rue Saint-Rome, 46.

1860

TRAITÉ

DE

GÉOMÉTRIE ÉLÉMENTAIRE.

NOTIONS SUR QUELQUES COURBES USUELLES.

ELLIPSE.

Définition.

L'*ellipse* est une courbe plane, telle que la somme des distances de chacun de ses points à deux points fixes, est constante. Ces deux points fixes sont appelés les *foyers* de l'ellipse. La distance de ces deux points est appelée *distance focale*.

PROBLÈME 1.

Tracer la courbe par points (Pl. XI, fig. 4).

Soient F et F' les deux foyers, et DG la somme constante des distances de chacun des points de la courbe aux deux foyers. Pour construire l'ellipse, je trace la droite FF', je prends le milieu O de cette distance, et je porte de chaque côté de ce point les distances OA et OA', égales chacune à la moitié de DG. Les points A et A' appartiennent à la courbe. En effet, le point O étant le milieu de FF', ainsi que de AA', on doit avoir AF = A'F'; or, la somme des distances du point A aux deux foyers est AF + AF', ou A'F' + AF' = AA' = DG ; même démonstration pour le point A'.

Pour obtenir d'autres points, je prends le point E, situé entre F et F'; du point F comme centre, avec la distance AE comme rayon, je décris une circonférence, et du point F' comme centre, avec A'E comme rayon, j'en décris une seconde. La somme de ces deux rayons est AA' plus grande que la distance des centres FF', et leur différence équivaut à celle de ces mêmes rayons diminués, l'un de A'F', l'autre de la quantité égale AF, c'est-à-dire que cette différence est celle qui existe entre F'E et EF ; elle est donc plus petite que la distance des centres. Donc les deux circonférences se coupent en deux points C et C', situés de chaque côté de la ligne des centres, et qui appartiennent à l'ellipse, puisque la distance CF' étant égale à A'E, et la distance CF égale à AE, la somme des distances du point C aux deux foyers est égale à AA' ou à DG. En décrivant deux circonférences, l'une du point F comme centre, avec le rayon A'E, l'autre du point F', avec le rayon AE, on obtiendrait par leurs intersections deux nouveaux points de l'ellipse, C'' et C'''.

Si le point E n'était pas situé entre les points F et F', la différence des rayons, égale à la différence entre F'E et FE, serait plus grande que la distance des centres ; l'une des circonférences serait intérieure à l'autre, et on n'obtiendrait aucun point de la courbe.

Lorsqu'on aura tracé ainsi un certain nombre de points, on les réunira par un trait continu et on aura l'ellipse.

PROBLÈME II.

Tracer la courbe d'un mouvement continu.

On prend un fil, dont la longueur soit égale à la somme constante des distances de chaque point de l'ellipse aux deux foyers, on en fixe les extrémités aux foyers, on tend ensuite le fil avec un style, que l'on fait mouvoir dans le plan en tenant le fil constamment tendu, et l'on décrit ainsi l'ellipse.

Ce mode de description montre que l'ellipse est une courbe fermée et continue.

Les jardiniers emploient ce procédé pour tracer des ellipses sur le terrain. Ils plantent deux piquets auxquels ils attachent les extrémités d'une corde; puis ils tendent la corde avec un troisième piquet qu'ils font mouvoir en tenant le fil constamment tendu. On a encore recours à cette méthode pour tracer une ellipse sur une planche ou sur une feuille de carton. Mais sur le papier, il est préférable de tracer la courbe par points.

Définitions.

On appelle *axe* d'une courbe une ligne droite qui divise la courbe en deux parties symétriques, c'est-à-dire en deux parties qui s'appliquent exactement l'une sur l'autre, quand on fait tourner la première autour de l'axe comme charnière, pour la rabattre sur la seconde.

Il est aisé de voir que la droite menée par les deux foyers est un axe de l'ellipse.

En effet, soit AA′ la droite menée par les foyers, et C un point appartenant à l'ellipse; joignons ce point aux deux foyers. Si des points F et F′ comme centres, on décrit deux circonférences avec les rayons FC et F'C, ces deux circonférences ayant un point C commun, en dehors de la ligne des centres, auront un second point commun C', situé de l'autre côté de cette ligne, et qui appartiendra à l'ellipse. Les deux triangles CFF' et C'FF' étant égaux, comme ayant les trois côtés égaux chacun à chacun, si on fait tourner le premier autour de FF', il se rabattra exactement sur le second, et le point C s'appliquera sur le point C'. Comme il en est de même pour tous les points deux à deux, on voit que la portion d'ellipse ACA', s'applique exactement sur l'autre portion AC'A'. Ainsi la droite AA' est un axe de l'ellipse.

L'ellipse admet un second axe, la perpendiculaire élevée sur le milieu du premier.

En effet, soit C appartenant à l'ellipse. Si du point F, comme centre, on décrit une circonférence avec le rayon F'C, et que du point F' on en décrive une autre avec le rayon FC, la distance des centres et les deux rayons, satisfaisant aux conditions de l'intersection de deux cercles, les circonférences ainsi décrites se couperont en deux points C'' et C''' qui appartiendront à la courbe. Les deux triangles FCF' et FC''F' ayant en effet les trois côtés égaux, l'angle CFF', opposé dans le premier au côté CF', est égal à l'angle C''F'F, opposé dans le second au côté C''F. Faisons donc tourner la partie BAB' autour de BB' comme charnière, pour la rabattre de l'autre côté ; les angles BOF et BOF' étant droits, OF prendra la direction OF', et comme le point O est le milieu de FF', le point F tombera en F', et à cause de l'égalité des angles CFF' et C''F'F, FC prendra la direction F'C'' ; ces deux droites étant égales, le point C s'appliquera sur C''. Ainsi la partie BAB' s'applique exactement sur BA'B', ce qui montre que la droite BB' est aussi un axe de l'ellipse.

On appelle *sommets* les extrémités A, A', B et B' des deux axes.

L'axe qui passe par les deux foyers est toujours plus grand que l'autre, car d'après la définition de l'ellipse, BF + BF' doit égaler AF + AF', ou A'F + AF', ou AA'; or, BB' étant perpendiculaire sur le milieu de FF', le sommet B est également distant de F et de F'; donc BF égale OA, moitié de AA'. Mais dans le triangle rectangle BOF, l'hypoténuse BF est plus grande que BO, donc OA est plus grand que BO, et AA', double de OA, est plus grand que BB' double de BO.

C'est pourquoi on a donné la qualification de *grand axe* à celui qui passe par les deux foyers, et à l'autre celle de *petit axe*.

Il est à remarquer que *la longueur du grand axe est égale à la somme constante des distances de chacun des points de l'ellipse aux deux foyers,* puisque la somme des distances du sommet A aux deux foyers est égale à AA'.

On peut construire une ellipse quand on connaît ses deux axes. Pour cela, on trace (Pl. XI, fig. 2) deux droites perpendiculaires entr'elles, et à partir du point O où elles se coupent, je prends sur l'une OA et OA' égales chacune à la moitié du grand axe, et OB et OB' égales chacune à la moitié du petit axe, et je détermine ainsi les quatre sommets. Cela posé, du sommet B du petit axe, avec un rayon égal au demi grand axe, je décris une circonférence qui coupe le grand axe en deux points F et F' qui sont les foyers. Une fois les foyers déterminés, on construit l'ellipse par points, ou d'un mouvement continu, comme nous l'avons expliqué.

On appelle *excentricité* le rapport de la distance focale au grand axe. La forme d'une ellipse dépend de la grandeur de l'excentricité. Quand l'excentricité est nulle, les deux foyers se confondent en un point duquel tous les points de l'ellipse sont également distants, et l'ellipse se réduit rigoureusement à une circonférence de cercle. Quand l'excentricité est très petite, les foyers sont très rapprochés du centre, les deux axes diffèrent peu l'un de l'autre, l'ellipse est arrondie et peu différente d'un cercle. A mesure que l'excentricité augmente, en supposant le grand axe constant, les foyers s'écartent, le petit axe diminue, et l'ellipse prend une forme de plus en plus allongée.

On nomme *rayons vecteurs,* les deux droites qui vont des deux foyers à un même point de l'ellipse.

D'après la définition de cette courbe, la somme des rayons vecteurs de chacun des points de l'ellipse est constante et égale au grand axe.

BB' étant perpendiculaire sur le milieu de FF', les deux rayons vecteurs du sommet B sont égaux, de sorte que lorsqu'on décrit l'ellipse d'un mouvement continu, les deux parties du fil sont égales, au moment où le style marque le sommet B, mais à mesure que le style s'éloigne de cette position pour se rapprocher du sommet A, le rayon vecteur correspondant au foyer F' augmente, pendant que l'autre diminue, jusqu'à ce que, le style étant arrivé au point A, la différence des rayons vecteurs atteigne son *maximum* qui est FF', d'où on conclut que de B à A, le rayon vecteur correspondant au foyer F, diminue constamment pour augmenter de A en B', et augmenter encore de B' en A', où il deviendra *maximum.*

On démontrerait de même que le rayon vecteur *minimum,* correspondant au foyer F', est A'F' et qu'il augmente d'une manière continue de A' en A, où il acquiert sa valeur *maximum* AF'.

THÉORÈME I.

Suivant qu'un point est extérieur ou intérieur à l'ellipse, la somme de ses distances aux deux foyers est plus grande ou plus petite que le grand axe (Pl. XI, fig. 3).

Soit M′ un point pris hors de l'ellipse. Joignons ce point aux deux foyers ; la droite M′F′ rencontre l'ellipse en un point M. La ligne brisée M′F + M′M est plus grande que la ligne droite MF ; en ajoutant de part et d'autre la même longueur MF′, on voit que le chemin M′F + M′F′ est plus grand que MF + MF′, c'est-à-dire plus grand que AA′.

Soit encore un point M″ intérieur à l'ellipse : joignons-le aux deux foyers, et prolongeons la droite M″F′ jusqu'à sa rencontre avec l'ellipse au point M. La ligne droite M″F est plus petite que M″M + MF ; en ajoutant de part et d'autre M″F′, on voit que M″F + M″F′ est plus petit que MF + MF′, c'est-à-dire plus petit que AA′.

Réciproquement, tout point dont la somme des distances aux deux foyers d'une ellipse est plus grande que le grand axe, doit être extérieur à la courbe, et tout point dont la somme des distances aux deux foyers est moindre que le petit axe, doit être intérieur. Ces deux réciproques sont évidentes.

Définition.

On appelle *cercles directeurs* d'une ellipse, les deux cercles qui ont pour centres les deux foyers d'une ellipse, et sont décrits avec un rayon égal au grand axe.

Soit (Pl. XI, fig. 4) une ellipse dont les deux foyers sont F et F′, et un cercle directeur, ayant pour centre le foyer F, et pour rayon FG égal au grand axe. La distance du point M à la circonférence de ce cercle se mesure par la droite MD, prolongement de FM ; or, d'après la définition de l'ellipse, MF + MF′ doit égaler le grand axe ; d'ailleurs MF + MD compose un des rayons du cercle directeur, et égale par conséquent le grand axe. Donc

$$MF + MF' = MF + MD,$$

et par conséquent MD$=$MF', ce qui prouve qu'*un point
quelconque d'une ellipse est également distant de la circonférence de l'un des cercles directeurs, et du foyer qui ne sert pas
de centre à ce cercle.*

Définition.

On nomme généralement *tangente à une courbe,* en un
point M (Pl. XI, fig. 5), la limite MT des positions d'une
sécante MM'S, qui, passant constamment par le point M, a
tourné autour de ce point jusqu'à ce qu'un second point M',
s'en rapprochant graduellement de manière que l'arc MM'
diminue indéfiniment, soit venu se confondre avec le
point M.

Ce point M, considéré comme deux points d'une courbe
confondus en un seul, est appelé *point de contact* de la
tangente.

THÉORÈME II.

*Les rayons vecteurs menés des foyers à un point de l'ellipse
font, avec la tangente en ce point et d'un même côté de cette
ligne, des angles égaux* (Pl. XI, fig. 6).

Soient F et F' les deux foyers d'une ellipse, et T'MT la
tangente en un point M de cette courbe.

Considérons une sécante SMM'S, passant par le même
point M ; menons les rayons vecteurs des deux points d'intersection M et M' ; traçons F'C perpendiculaire à cette sécante,
prolongeons cette perpendiculaire d'une longueur égale
CD, tirons DM, DM' et DF qui rencontre la sécante au
point G ; je vais démontrer que ce point G est nécessairement entre M et M'.

Il résulte d'abord de la définition de l'ellipse, que

MF + MF′ = M′F + M′F′. Mais la sécante étant perpendiculaire au milieu de F′D, les points M et M′ sont équidistants de F′ et de D, de sorte que si, dans l'égalité précédente, on remplace MF′ et M′F′ par leurs égales MD et M′D, on aura MF + MD = M′F + M′D. Or, cette relation ne pourrait pas avoir lieu, si le point G n'était pas entre M et M′, car alors, des deux triangles MDF et M′DF qui ont la base commune DF, l'un se trouverait intérieur à l'autre, et si le point M′ par exemple, tombait dans l'intérieur de MDF, on aurait M′F + M′D < MF + MD.

Cela posé, remarquons que, puisque le triangle DGF′ est isoscèle, la droite GS′, menée du sommet perpendiculairement à la base, doit être bissectrice de l'angle du sommet. L'angle F′GS′ est donc égal à l'angle S′GD, et comme ce dernier est égal à l'angle SGF qui lui est opposé par le sommet, les deux angles F′GS′ et SGF sont donc égaux.

Si nous supposons maintenant que la sécante S′MM′S tourne autour du point M, de manière que le point M′ se rapproche graduellement de M et vienne se confondre avec lui, le point G, toujours compris entre M et M′, se rapprochera en même temps de M, avec lequel il se confondra quand la sécante prendra la position MT, et comme les angles égaux F′GS′ et SGF deviendront alors les angles F′MT′ et TMF, on en conclut l'égalité de ces deux derniers angles.

THÉORÈME III.

L'ellipse est une courbe convexe.

On appelle *courbe convexe,* une courbe telle que toute tangente à chacun de ses points, excepté le point de contact, est en dehors de la courbe.

Soit T′MT une tangente au point M.

Menons du foyer F′, F′I perpendiculaire à cette tangente,

prolongeons cette perpendiculaire jusqu'à la rencontre du prolongement de FM au point H; l'angle HMT′ sera égal à l'angle FMT qui lui est opposé par le sommet, et puisque ce dernier est égal à l'angle F′MT′, il en résulte que l'angle HMT′ est égal à l'angle F′MT′, et qu'ainsi, la droite MT′ est bissectrice de l'angle F′MH; le triangle F′MH est donc isoscèle, et la droite FH, égale à FM + MH, équivaut à FM + F′M, c'est-à-dire au grand axe. Cela posé, joignons un point quelconque Q, pris sur la tangente au point H et aux foyers F et F′; comme la tangente est perpendiculaire sur le milieu de F′H, on doit avoir QH = QF′ et comme la ligne brisée FQ + QH est plus grande que la ligne droite FH, il en résulte FQ + QF′ > FH, et puisque la somme des distances du point Q aux deux foyers se trouve ainsi plus grande que le grand axe, le point Q est extérieur à l'ellipse.

PROBLÈME III.

Mener la tangente à l'ellipse, par un point pris sur la courbe.

Soit M le point donné. Menons les deux rayons vecteurs FM et F′M; prolongeons l'un d'eux FM, d'une longueur MH égale à l'autre, joignons F′H, et par le point M menons une droite TT′ perpendiculaire à F′H, cette droite sera la tangente demandée, car le triangle F′MH étant isoscèle, la droite MI, menée perpendiculairement à la base, est bissectrice de l'angle du sommet, et puisque l'angle HMT′ est égal à l'angle FMT qui lui est opposé par le sommet, l'angle F′MT′ et l'angle FMT sont égaux.

PROBLÈME IV.

Mener la tangente à l'ellipse par un point extérieur (Pl. XI, fig. 7).

Soit T le point donné. Supposons le problème résolu, et soit TM la tangente demandée. Si l'on prolonge F'M d'une longueur MC égale à FM, on sait que la tangente TM est perpendiculaire sur le milieu de la droite FC; il en résulte que la distance TC est égale à TF. La question revient à déterminer le point C.

Puisque la droite F'C est égale au grand axe, le point C est situé sur la circonférence décrite. du foyer F' comme centre, avec le grand axe pour rayon. D'autre part, la distance TC étant égale à TF, le point C est sur la circonférence décrite du point T, comme centre, avec TC pour rayon; le point C est donc à l'intersection de ces deux circonférences. On déduit de là la construction suivante :

Du foyer F', comme centre, avec un rayon égal au grand axe, décrivez un cercle. Du point T, comme centre, avec un rayon égal à la distance TF de ce point à l'autre foyer, décrivez un second cercle qui coupera le premier au point C; joignez CF, et du point T menez une perpendiculaire à la droite CF, ce sera la tangente demandée : le point de contact M sera déterminé par l'intersection de la tangente avec la droite F'C.

Cette construction peut donc être effectuée sans que l'ellipse soit tracée : il suffit que l'on connaisse les foyers et le grand axe. Par conséquent on peut déterminer, à la fois, un point M de l'ellipse, et sa tangente en ce point, ce qui permettra de tracer la courbe avec plus de précision.

Pour que le problème soit possible, il faut que les deux circonférences se rencontrent. Or, la distance des centres étant F'T, l'un des rayons est FT et l'autre le grand axe, dont nous désignerons la longueur par l, mais la ligne brisée F'F + FT étant plus grande que F'T, on aura, à fortiori, F'T $< l +$ FT, c'est-à-dire que la distance des centres est plus petite que la somme des rayons. Quant à leur différence, il y a à considérer trois cas, suivant que $l =$ FT, ou que $l >$ FT, ou que $l <$ FT. Si $l =$ FT, la différence des rayons est nulle, et la distance des centres est plus grande. Si $l > FT$, on a, le point T étant hors de l'ellipse, $F'T + GT > l$, d'où $F'T > l - FT$. Si $l < FT$, on a, *à fortiori*, $F'F < FT$; mais dans le triangle F'FT, $F'T > FT - FF'$ et *à fortiori*, $F'T > FT - l$. Ainsi la distance des centres est plus grande que la différence des rayons.

Les deux circonférences remplissent donc toujours la double condition nécessaire et suffisante pour se couper en deux points C et C'. Ainsi, non-seulement le problème est possible, mais encore il admet deux solutions. Pour obtenir la seconde, on joindra C'F, et du point T on mènera une perpendiculaire à la droite C'F, ce sera la seconde tangente, dont le point de contact M' sera déterminé par l'intersection de la tangente avec la droite F'C'.

Définition.

On appelle *normale* à une courbe, en un point de cette courbe, la perpendiculaire à la tangente en ce point.

THÉORÈME IV.

La normale à l'ellipse en un point est bissectrice de l'angle des rayons vecteurs de ce point (Pl. XI, fig. 6).

Menons au point M une perpendiculaire MN sur la tangente TT', nous aurons la normale à l'ellipse en ce point. Les deux angles FMN, F'MN, sont égaux comme complémentaires des angles égaux FMT et F'MT.

On appelle *ellipsoïde* une surface engendrée par la révolution d'une demi-ellipse tournant autour de son grand axe AA'.

Supposons qu'une lumière soit placée au foyer F de l'ellipse génératrice d'un ellipsoïde; un rayon lumineux parti du point F, et tombant en un point M de l'ellipsoïde, se réfléchit dans le plan que détermine ce rayon lumineux et la normale au point M ; ce plan est celui de l'ellipse génératrice, passant par le point M ; le rayon réfléchi, devant faire avec MN un angle égal à FMN, sera dirigé suivant MF'. Ainsi, les rayons réfléchis viennent tous concourir au second foyer F'. C'est de là que vient la dénomination de foyer.

PARABOLE.

Définition.

La parabole est une courbe plane dont chaque point est également distant d'un point fixe nommé *foyer*, et d'une droite fixe appelée *directrice*. La distance du foyer à la directrice est appelée *paramètre*.

PROBLÈME IV.

Tracer la courbe par points (Pl. XI, fig. 8).

Soit F le foyer, et DG la directrice de la courbe. Pour construire la parabole, je trace FD perpendiculaire à la directrice, je prends le milieu A de cette distance, et le point A appartient à la courbe, puisque sa distance à la directrice est AD.

Pour obtenir d'autres points, je mène la droite CC' parallèle à la directrice, à une distance plus grande que AD, et du point F comme centre, avec un rayon égal à DE, distance de la directrice à cette parallèle, je décris une circonférence qui doit couper cette parallèle en deux points, puisque le rayon avec lequel elle est décrite est plus grand que FE, distance du centre à cette droite. Les deux points C et C' appartiennent à la parabole, puisque la distance CF, rayon du cercle, est égale à CB, distance de ce point à la directrice.

Si la distance de la parallèle à la directrice était moindre que AD, le rayon du cercle serait plus petit que FE, la circonférence ne rencontrerait pas cette parallèle, et on n'obtiendrait aucun point de la courbe.

Lorsqu'on aura tracé ainsi un certain nombre de points, on les réunira par un trait continu, et on aura la parabole.

Chaque parallèle à la directrice, quelque éloignée qu'elle soit, donnant deux points de la courbe, on en conclut que la parabole est une courbe illimitée.

PROBLÈME V.

Tracer la courbe d'un mouvement continu.

On prend une équerre BGH, et un fil dont la longueur égale BH, le plus grand des deux côtés de l'angle droit; on place une règle sur la directrice DG; on applique contre cette règle le plus petit côté de l'équerre; on fixe l'une des extrémités du fil au foyer F et l'autre au sommet H, opposé dans l'équerre au côté qui est appliqué contre la règle ; on tend ensuite le fil contre l'équerre avec un style ; on fait glisser l'équerre le long de la règle, et en même temps le style le long de l'équerre, de manière à tenir le fil constamment tendu, et l'on décrit ainsi un arc de parabole.

En effet, soit C le point où se trouve le style quand l'équerre occupe la position BGH ; la longueur du fil, ou la ligne brisée $FC + CH$ étant égale au côté BH de l'équerre, la distance CB égale CF, et, par conséquent, le point C appartient à la parabole.

THÉORÈME V.

La perpendiculaire, menée du foyer sur la directrice, est un axe de la parabole.

Soit FD la perpendiculaire menée du foyer sur la directrice, et C un point appartenant à la parabole ; joignons ce point au foyer, et menons CB perpendiculaire à la directrice ; si, du point F comme centre, on décrit une circonférence avec le rayon FC, et que l'on mène par le point C une parallèle à la directrice, cette parallèle sera rencontrée par la circonférence au point C et en un second point C′, situé de l'autre côté de la perpendiculaire FD, et qui appartiendra à la parabole. La droite CC′, étant une corde d'un cercle dont le centre est F, est divisée en deux parties égales au point E, par la perpendiculaire FD. Si donc on fait tourner autour de FD, la partie AC de la parabole, la droite FC s'appliquera sur FC′, et le point C sur le point C′. Comme il en est de même pour tous les points deux à deux, on voit que la première portion de la parabole s'applique exactement sur l'autre. Ainsi, la droite FD est un axe de la parabole.

On appelle *sommet,* le point A où la parabole rencontre son axe.

On nomme *rayon vecteur,* la droite qui va du foyer à un point de la parabole.

Lorsqu'on décrit la parabole d'un mouvement continu, la portion du fil, dirigée suivant CF, est d'autant plus grande que CH est plus petit, ou que le style marque un point plus éloigné de A ; le sommet de la parabole est donc, de tous les points de la courbe, celui qui a le plus petit rayon vecteur, et, à partir du sommet, le rayon vecteur augmente indéfiniment.

THÉORÈME VI.

Suivant qu'un point est extérieur ou intérieur à la parabole, il est plus éloigné ou plus rapproché du foyer que de la directrice (Pl. XI, fig. 9).

Soit M′ un point intérieur à la parabole ; joignons-le au foyer, et menons M′B perpendiculaire à la directrice ; cette perpendiculaire rencontre la parabole en un point M. La ligne droite M′F est plus petite que la ligne brisée M′M + MF ; or MF = MB d'après la définition de la parabole, donc M′F < M′M + MB, ou M′F < MB.

Soit encore un point M″ extérieur à la parabole : joignons-le au foyer, menons M″B perpendiculaire à la directrice et prolongeons cette perpendiculaire jusqu'à la rencontre de la parabole au point M. La droite MB, égale à MF d'après la définition de la parabole, est évidemment plus grande que M″B.

Réciproquement, tout point plus éloigné du foyer que de la directrice est extérieur à la parabole, et tout point plus rapproché du foyer que de la directrice, doit être intérieur. Ces deux réciproques sont évidentes.

THÉORÈME VII.

Une parabole peut être considérée comme la limite d'une ellipse (Pl. XI, fig. 10).

Si, dans une ellipse, on conserve invariable la distance AF d'un sommet au foyer voisin, et qu'on fasse croître indéfiniment le grand axe, l'autre sommet et le foyer F′ s'éloignent indéfiniment. Le cercle directeur DE, dont le centre est F′, rencontre toujours l'axe au point D, et a pour limite la droite DH, perpendiculaire à DF ; le point M est toujours équidistant du foyer F et du cercle directeur, c'est-à-dire que MF est égale à MC, et quand le foyer F′ s'éloigne à l'infini, la ligne MC devient parallèle à DF, et le point C se place sur la droite DH. Chaque point M de la courbe se trouvant ainsi à une égale distance du foyer F et de la droite DH, la courbe limite, vers laquelle tend l'ellipse, est une parabole ayant le point F pour foyer, et DH pour directrice.

Lemme. — *Si d'un point quelconque M′ pris dans l'intérieur d'un trapèze rectangle, on abaisse une perpendiculaire M′A′ sur la hauteur, on aura* GM′ + M′a′ < GM + Ma (Pl. XI, fig. 11).

En effet, si l'on prolonge Ma, M′a′ et GR de quantités égales am, a′m′ et Rg, et qu'on joigne mg et m′g′, on aura la ligne brisée GM′m′g plus petite que la ligne enveloppante Mg, donc GM′a′, moitié de la première ligne brisée, sera moindre que GMa, moitié de la seconde.

THÉORÈME VIII.

La tangente à la parabole fait des angles égaux avec la parallèle à l'axe et le rayon vecteur, menés par le point de contact (Pl. XI, fig. 12).

Ce théorème pourrait se déduire de la propriété de la tangente à l'ellipse, savoir que les rayons vecteurs menés au point de contact font des angles égaux avec la tangente, car l'un des foyers étant situé sur l'axe, mais à une distance infinie, le rayon vecteur correspondant à ce foyer doit être parallèle à l'axe.

Pour le démontrer directement, soit T′MT la tangente en un point M d'une parabole.

Considérons une sécante S'MM'S ; menons les rayons vecteurs des deux points M et M', et les droites MP et M'P' perpendiculaires à la directrice ; traçons FC perpendiculaire à la sécante, prolongeons cette perpendiculaire d'une longueur égale CD ; menons une parallèle à la directrice, EK, à une distance plus grande que M'P', et prolongeons MP et M'P' jusqu'à la rencontre de cette parallèle aux points L et L' : enfin tirons par le point D, DN perpendiculaire à EK, et qui rencontre la sécante au point G ; je vais démontrer que ce point est entre M et M'.

Il résulte d'abord de la définition de la parabole, que MP = MF, et que M'P' = M'F ; mais la sécante étant perpendiculaire au milieu de FD, les points M et M' sont équidistants de F et de D, de sorte que MD = MP, et M'D = M'P', et par conséquent MD + ML = MP + ML, et M'D + M'L' = M'P' + M'L', donc MD + ML = M'D + M'L'. Cette relation ne pourrait avoir lieu si le point G n'était pas entre M et M', car alors des deux trapèzes DMLN et DM'L'N qui ont la base commune DN, l'un se trouverait intérieur à l'autre, et si le point M' par exemple tombait dans l'intérieur de DMLN, on aurait DM' + M'L' < DM + ML.

Cela posé, puisque le triangle DGF est isoscèle, la droite GS, perpendiculaire à la base, est bissectrice de l'angle du sommet. L'angle FGS est donc égal à SGD, et comme ce dernier est égal à l'angle S'GN qui lui est opposé par le sommet, les deux angles FGS et S'GN sont égaux.

Si maintenant la sécante S'M'MS tourne autour du point M, de manière que M' se rapproche de M et vienne se confondre avec lui, le point G, toujours compris entre M et M', se confondra avec M quand la sécante prendra la position MT, et comme alors les angles FGS et S'GN deviendront FMT et T'ML, on en conclura l'égalité de ces deux derniers angles.

Corollaire. — T étant le point de rencontre de la tangente avec l'axe, l'angle MTF est égal à l'angle T'ML, puisque

23

ces deux angles sont correspondants ; le triangle FMT ayant
ainsi deux angles égaux est isoscèle, et on en conclut que
FT = FM, c'est-à-dire que *la tangente à la parabole rencontre l'axe en un point dont la distance au foyer est égale au
rayon vecteur du point de contact.*

THÉORÈME IX.

La parabole est une courbe convexe.

Ce théorème pourrait se déduire de ce que l'ellipse est
une courbe convexe, mais, pour le démontrer directement,
prolongeons ML jusqu'à la rencontre de la directrice au point
P, et joignons un point quelconque Q de la tangente, au
point F et au point P. L'angle PMT étant égal à T′ML qui lui
est opposé par le sommet, et ce dernier étant égal à FMT
d'après le théorème précédent, MT est bissectrice de l'angle
au sommet du triangle isoscèle FMP; donc elle est perpendiculaire au milieu de FP, et par suite, QP = QF ; mais PM
étant perpendiculaire à la directrice, PQ est une oblique,
plus longue que la perpendiculaire QR, donc QF est plus
grand que QR, et par conséquent le point Q est extérieur
à la parabole.

PROBLÈME VI.

*Mener la tangente à la parabole, par un point pris sur la
courbe.*

Traçons le rayon vecteur FM du point donné M, menons
MP perpendiculaire à la directrice, joignons FP, et tirons
MT perpendiculaire à FP ; le triangle FMP étant isoscèle, la
droite MT sera bissectrice de l'angle FMP, et l'angle PMT

étant égal à l'angle T'ML qui lui est opposé par le sommet, on en conclut que les deux angles FMT et T'ML sont égaux.

On peut résoudre ce problème plus simplement en prenant sur l'axe, FT égale au rayon vecteur du point de contact FM, et joignant le point M au point T (th. 8, corol.).

PROBLÈME VII.

Mener la tangente à la parabole, par un point extérieur (Pl. XI, fig. 13).

Soit T le point donné, et TM la tangente demandée. Si l'on mène MB perpendiculaire à la directrice, on sait que la tangente TM est perpendiculaire sur le milieu de la droite FB ; il en résulte que la distance TB est égale à TF, et que par conséquent le point B sera déterminé par l'intersection de la directrice avec une circonférence décrite du point T comme centre, avec le rayon TF. On joindra BF, et du point T on mènera une perpendiculaire à la droite BF, ce sera la tangente demandée : le point de contact M sera déterminé par l'intersection de la tangente avec une perpendiculaire à la directrice, menée par le point B.

Cette construction peut être effectuée sans que la parabole soit tracée : il suffit que l'on connaisse le foyer et la directrice, par conséquent on peut déterminer à la fois un point M de la parabole, et sa tangente en ce point.

Pour que le problème soit possible, il faut que la circonférence rencontre la directrice. Or le point T étant extérieur à la parabole, est plus rapproché de la directrice que du foyer, de sorte que le rayon de la circonférence étant plus grand que la distance de son centre à la directrice, la circonférence coupe la directrice. Ainsi, non seulement le problème est possible, mais encore il admet deux solutions.

La circonférence coupant la directrice en un second point

B', on joindra B'F, et du point T on mènera une perpendiculaire à la droite B'F ; ce sera la seconde tangente, dont le point de contact M' sera déterminé par l'intersection de la tangente avec la droite B'M', menée perpendiculairement à la directrice.

On aurait pu déduire cette solution de celle du problème 3. Si nous nous reportons en effet à la figure 7, nous voyons que les points C et C' sont d'abord déterminés par l'intersection de deux circonférences, dont l'une est le cercle directeur ayant pour centre le foyer F', et dont l'autre a pour centre le point T, et pour rayon la distance de ce point à l'autre foyer. Si l'ellipse devient une parabole, comme dans la figure 13, la première de ces deux circonférences n'est autre chose que la directrice, et la seconde est la circonférence qui a pour centre T et pour rayon TF. Dans la figure 7, les deux tangentes s'obtiennent en menant du point T des perpendiculaires aux droites FC et FC', et de même dans la figure 13, on les obtiendra en menant du point T des perpendiculaires aux droites FB et FB'. Le point de contact se déterminant dans la figure 7 par les intersections des tangentes avec les droites qui joignent au foyer F' les points C et C', ces deux droites deviennent, dans la parabole, des parallèles à l'axe, ou des perpendiculaires à la directrice, menées par les points B et B'.

THÉORÈME X.

La normale à la parabole en un point est bissectrice de l'angle formé par le rayon vecteur de ce point, et par une parallèle à l'axe (Pl. XI, fig. 13).

Menons au point M une perpendiculaire MN sur la tangente TT'. Les deux angles FMN, NME sont égaux, comme complémentaires des angles égaux FMT et EMT'.

On appelle *paraboloïde*, une surface engendrée par la révolution d'un arc de parabole tournant autour de son axe DN.

Supposons qu'un corps lumineux soit placé au-devant d'un miroir parabolique, à une distance assez grande pour que tous les rayons tombant sur ce miroir puissent être regardés comme parallèles à l'axe de la parabole génératrice. Un de ces rayons lumineux EM se réfléchit dans le plan que détermine la parabole génératrice passant par le point M; le rayon réfléchi sera dirigé suivant MF; c'est de là que vient la dénomination de foyer.

THÉORÈME XI.

La perpendiculaire élevée sur l'axe par le sommet est tangente à la parabole, et cette tangente est le lieu géométrique des pieds des perpendiculaires menées du foyer sur les tangentes.

Le rayon vecteur du sommet A, se confondant avec la parallèle à l'axe menée par ce point, la normale au sommet, bissectrice de l'angle que ce rayon vecteur forme avec la parallèle à l'axe, doit être l'axe lui-même, et par conséquent la tangente au sommet est perpendiculaire à cet axe.

D'un autre côté, la tangente au point M est perpendiculaire au milieu de BF; soit C ce point; comme le point A est aussi le milieu de DF, la droite AC, qui divise en deux parties égales, deux côtés du triangle BDF, est parallèle au troisième côté BD, c'est-à-dire perpendiculaire à l'axe, de sorte que, réciproquement, la perpendiculaire à l'axe au sommet passe par le point C, pied de la perpendiculaire menée du foyer sur la tangente au point M.

Définitions.

On appelle *sous-tangente* d'un point de la parabole, la

partie de l'axe comprise entre la tangente en ce point, et la perpendiculaire menée de ce point sur l'axe, et *sous-normale* d'un point de la parabole, la partie de l'axe comprise entre la normale en ce point, et la perpendiculaire menée de ce point sur l'axe.

THÉORÈME XII.

Le sommet de la parabole est le milieu de toutes les sous-tangentes.

Soit Gm la sous-tangente du point M.

Puisque le point C de la perpendiculaire menée du foyer sur la tangente MG appartient à la tangente au sommet, la droite AC est parallèle à BD, et le triangle ACF étant semblable à BDF, le côté AC est la moitié de son homologue BD, ou de Mm, égale de BD ; mais les deux triangles ACG et GMm sont semblables, et puisque AC est la moitié de Mm, AG doit être la moitié de Gm.

THÉORÈME XIII.

Toutes les sous-normales de la parabole sont égales au paramètre.

D'après le théorème 10, l'angle FMN est égal à l'angle EMN, et comme ce dernier est égal à l'angle FNM, à cause du parallélisme des droites ME et NF, l'angle FMN est égal à l'angle FNM, de sorte que le triangle FMN est isoscèle, donc FM $=$ FN ; mais, d'après la définition de la parabole, FM $=$ MB ; donc FN $=$ MB $= m$D, et par suite,

$$FN + Fm = mD + Fm,$$

c'est-à-dire que la sous-normale Nm est égale au paramètre FD.

THÉORÈME XIV.

*Le carré d'une corde perpendiculaire à l'axe d'une parabole
est proportionnel à la distance de cette corde au sommet.*

Soit MH une corde perpendiculaire à l'axe au point m.

Menons la tangente au point M, et la normale au même
point, ces deux droites rencontrent l'axe, l'une au point G,
et l'autre au point N.

Dans le triangle rectangle GMN, la droite Mm, menée
du sommet de l'angle droit perpendiculairement à l'hypoténuse, est moyenne proportionnelle entre la sous-tangente
Gm et la sous-normale mN, de sorte que $\overline{\mathrm{M}m}^2 = \mathrm{G}m \times m\mathrm{N}$.
Or, d'après les théorèmes 12 et 13, G$m = 2\mathrm{A}m$, et $m\mathrm{N} = \mathrm{FD}$;
donc $\overline{\mathrm{M}m}^2 = 2\mathrm{A}m \times \mathrm{FD}$. Il résulte d'ailleurs de la symé-
trie de la parabole par rapport à son axe, que $\mathrm{MH} = 2\mathrm{M}m$,
ou que $\overline{\mathrm{MH}}^2 = 4\overline{\mathrm{M}m}^2$; par conséquent $\overline{\mathrm{MH}}^2 = 8\mathrm{A}m \times \mathrm{FD}$,
d'où $\dfrac{\overline{\mathrm{MH}}^2}{\mathrm{A}m} = 8\mathrm{FD}$.

Le rapport qui existe entre le carré d'une corde perpendiculaire à l'axe, et la distance de cette corde au sommet,
étant égal à huit fois le paramètre, la valeur de ce rapport
est une quantité constante dans une même parabole.

HÉLICE.

Définitions.

L'hélice est la courbe résultant de l'hypoténuse d'un
triangle rectangle dont le plan s'enroule sur un cylindre

droit à base circulaire, le sommet de l'un des angles aigus étant placé sur un point de la circonférence de base, et le côté dont ce sommet est une des extrémités s'enroulant sur cette circonférence (Pl. XI, fig. 14).

Supposons que, sur le cylindre AEK, on enroule le plan du triangle rectangle AGH, en plaçant le sommet A sur la circonférence de base, et enroulant le côté AH sur cette circonférence dont il pourra faire une ou plusieurs fois le tour, de manière que le point H aille tomber sur le point H′; alors le côté HG prendra la position H′G′, et l'hypoténuse AG engendrera la courbe AEA′G′, qui est une hélice.

On appelle *origine* d'une hélice, le point où cette courbe rencontre la circonférence de base; ainsi, le point A est l'origine de cette hélice.

THÉORÈME XV.

Un arc d'hélice, compté à partir de l'origine, est proportionnel, soit à sa projection sur la circonférence de base, soit à la distance de son extrémité au plan de la base.

En effet, si m est sur la droite AG le point qui est devenu M sur l'hélice, et mn une perpendiculaire sur AH, il est évident que $mn = \text{MN}$, que $\text{A}n = arc\ \text{AN}$, et que $\text{A}m = arc\ \text{AM}$. Mais les triangles semblables Amn, AGH donnent $\dfrac{\text{A}m}{\text{AG}} = \dfrac{\text{A}n}{\text{AH}} = \dfrac{mn}{\text{GH}}$, et comme les dénominateurs AG, AH, GH, de ces trois rapports sont des quantités constantes, on en conclura que les trois numérateurs Am, An, mn, ou les trois quantités arc AM, arc AN, MN, qui leur sont égales, varient dans un même rapport.

Définition.

On appelle *pas* d'une hélice une portion de l'arête du cylindre comprise entre deux points de rencontre consécutifs de cette arête avec la courbe, et *spire*, l'arc d'hélice terminé aux deux mêmes points.

THÉORÈME XVI.

Dans une hélice, tous les pas sont égaux entr'eux, et toutes les spires égales entr'elles.

Soit AA′ le premier pas d'une hélice, et AEA′ la spire correspondante; soit MM′ un autre pas et MEM′ la spire correspondante.

Si nous désignons par R le rayon du cylindre, la projection de l'arc AEA′ sur la circonférence de base sera 2_πR, et celle de l'arc AEM′ sera 2_πR + AN. Nous aurons donc, d'après le théorème 15,

$$\frac{M'N}{MN} = \frac{2_\pi R + arc\ AN}{arc\ AN}, \quad \text{d'où} \quad \frac{M'N - MN}{MN} = \frac{2_\pi R}{arc\ AN},$$

c'est-à-dire
$$\frac{MM'}{MN} = \frac{2_\pi R}{arc\ AN};$$

on a aussi, d'après le même théorème $\dfrac{AA'}{MN} = \dfrac{2_\pi R}{arc\ AN}$,

donc MM′ = AA′.

De même,
$$\frac{arc\ AMM'}{arc\ AM} = \frac{2_\pi R + arc\ AN}{arc\ AN},$$

d'où
$$\frac{arc\ MEM'}{arc\ AM} = \frac{2\pi R}{arc\ AN},$$

et comme on a aussi

$$\frac{arc\ AEA'}{arc\ AM} = \frac{2\pi R}{arc\ AN},$$

il en résulte $arc\ MEM' = arc\ AEA'$.

THÉORÈME XVII.

La tangente à l'hélice fait avec l'arête du cylindre un angle constant (Pl. XI, fig. 15).

Soient B et C deux points voisins sur l'hélice, BE et CG les perpendiculaires abaissées de ces points sur la base, ces deux perpendiculaires déterminent un plan dans lequel sont situées les sécantes BC et EG à l'hélice et au cercle, lesquelles se rencontrent au point F. Si l'on conçoit que ce plan tourne autour de la ligne CG, les deux sécantes CBF et GEF deviendront en même temps tangentes, l'une à l'hélice au point C, l'autre au cercle, au point G. A la limite, la droite GF devenue tangente au cercle, est la sous-tangente à l'hélice au point C.

Nous allons démontrer que cette sous-tangente GT est égale en longueur à l'arc AG. En effet, les deux triangles semblables BEF et CFG donneront $\dfrac{BE}{CG} = \dfrac{EF}{FG}$; mais les points B et C étant sur l'hélice, $\dfrac{BE}{CG} = \dfrac{arc\ AE}{arc\ AG}$, donc

$$\frac{EF}{FG} = \frac{arc\ AE}{arc\ AG} \quad , \text{d'où} \quad \frac{FG - EF}{FG} = \frac{arc\ AG - arc\ AE}{arc\ AG},$$

c'est-à-dire

$$\frac{corde\ EG}{FG} = \frac{arc\ EG}{arc\ AG}, \text{ ou bien } \frac{corde\ EG}{arc\ EG} = \frac{FG}{arc\ AG}.$$

Or on démontre en Trigonométrie que, si on mesure la longueur d'un arc inférieur au quart de cercle, en prenant le rayon pour unité, et qu'on prenne la même unité pour mesure de la corde, le sinus d'un arc est la moitié de la corde qui sous-tend un arc double, et que le rapport du sinus à l'arc a pour limite l'unité, quand l'arc tend à devenir égal à zéro, d'où il résulte que le rapport de la corde à l'arc a aussi la même limite. Donc, si on suppose que les points B et C tendent à se confondre, auquel cas l'arc EG et sa corde tendent vers zéro, et la ligne FG vers la sous-tangente GT, l'équation $\dfrac{corde\ EG}{arc\ EG} = \dfrac{FG,}{arc\ AG}$ devient $\dfrac{GT}{arc\ AG} = 1$, d'où on conclut que $GT = arc\ AG$.

Cela posé, si dans le triangle rectangle dont l'enroulement sur le cylindre donne lieu à l'hélice ABC, on considère le point qui vient se placer sur C, et que de ce point on mène une perpendiculaire sur la base du triangle, cette perpendiculaire aura la même longueur que CG, et le triangle rectangle dont elle sera la hauteur ayant sa base égale à l'arc AG, ce triangle égalera CGT ; d'où il résulte que l'angle TCG sera égal à celui que l'hypoténuse du triangle générateur forme avec le côté de ce triangle qui, dans l'enroulement, va se placer sur l'arête correspondant au point A. L'angle GCT, que la tangente à l'hélice forme avec l'arête du cylindre, est donc un angle constant.

PROBLÈME VIII.

Construire la projection de l'hélice et de la tangente sur un plan perpendiculaire à la base du cylindre (Pl. XII, fig. 1).

Prenons pour plan horizontal de projection le plan de la base du cylindre, et pour plan vertical un plan parallèle à celui qui passe par l'axe du cylindre et par l'origine A de l'hélice. Soit ABED la base même du cylindre.

Il est évident que la distance B'b de la projection verticale d'un point quelconque B, B' de l'hélice à la ligne de terre, est égale à la hauteur de ce point au-dessus du cercle de base; par conséquent, cette distance B'b est proportionnelle à l'arc de ce cercle AB, sur lequel se projette l'arc d'hélice terminé au point B, B'. Donc, si l'on divise la circonférence de base, à partir du point A, en un certain nombre de parties égales, qu'on partage en même temps le pas de l'hélice, dont la moitié est représentée en dD', en un même nombre de parties égales, que par les premiers points de division, tels que B, on mène des perpendiculaires à la ligne de terre, que par les seconds points de division, tels que h, on mène des parallèles à la ligne de terre, les points de rencontre, tels que B', de ces lignes menées par les divisions correspondantes, appartiendront à la projection verticale de l'hélice. On pourra obtenir ainsi les projections d'un nombre quelconque de points appartenant à cette projection verticale. On les réunira ensuite par un trait continu.

Pour construire la projection de la tangente au point C'C, on mènera une tangente CT au cercle ABD; on prendra sur cette ligne une longueur CT égale à l'arc AC, et CT étant la longueur de la sous-tangente, le point T sera la trace horizontale de la tangente. Cette trace se projette verticalement en T' sur la ligne de terre, et si l'on joint C'T', on aura la projection verticale de la tangente à l'hélice ; cette projection verticale de la tangente est elle-même tangente à la projection verticale de la courbe.

Au point D, D′ de l'hélice, la tangente ayant pour projection horizontale la droite Dd, qui est perpendiculaire à la ligne de terre, aura pour projection verticale la droite dD′, qui est aussi perpendiculaire à la ligne de terre. De même, au point A′, la tangente a pour projection verticale la droite AA′.

LEVÉ DES PLANS.

Tracé d'une droite sur le terrain.

Le levé des plans consiste à tracer sur une feuille de papier une figuré semblable à celle que formeraient les lignes droites qui joindraient les points principaux du terrain.

Cette opération conduit donc à tracer d'abord sur le terrain, la ligne droite qui passe par deux points donnés.

Pour tracer une droite sur le terrain, entre le point A et le point B (Pl. XII, fig. 2), on se sert de jalons ou piquets en bois, que l'on plante verticalement. Un jalon est une pièce de bois d'une longueur de $1^m,6$ environ, terminée à l'une de ses extrémités par une pointe ferrée qui sert à le fixer en terre; l'autre extrémité est surmontée, soit d'une feuille de papier, soit d'une plaque de deux couleurs que l'on appelle voyant, et qui sert à distinguer les jalons dans l'éloignement. On se place sur le prolongement de AB et on fait placer les jalons intermédiaires E, F, de manière que ces jalons, ainsi que le jalon placé en B, soient cachés par le jalon A.

Pour marquer, sur le terrain, le point de rencontre de deux droites jalonnées, on se place sur l'une d'elles et on vise dans sa direction; puis l'aide marche dans la direction de la seconde, jusqu'à ce que son jalon soit dans le premier alignement.

Pour reconnaître si un jalon est planté verticalement, on se met à une certaine distance, et on observe si le jalon se trouve caché à l'œil par un fil-à-plomb ; on répète cette même opération dans une autre direction, et lorsque ces conditions ont été remplies pour deux observations, le jalon est vertical.

Mesure d'une portion de droite au moyen d'une chaîne.

La chaîne sert à mesurer une droite jalonnée sur le terrain ; elle se compose de cinquante chaînons rectilignes ayant chacun deux décimètres de longueur ; les chaînons sont séparés par des anneaux en fer, et après chaque intervalle de cinq chaînons ou de un mètre, on trouve un anneau en cuivre. L'anneau du milieu est un peu plus fort que les autres. Enfin, les extrémités sont munies de deux poignées, qui sont comprises chacune dans la longueur du chaînon extrême.

Pour mesurer une longueur, après avoir préalablement vérifié la chaîne, on en place l'extrémité au premier jalon, on tend la chaîne dans la direction de la ligne, en se plaçant au point de départ et le porte-chaîne en avant. Celui-ci, muni d'un paquet de dix fiches ou pointes en fer, et tenant à la main l'autre poignée de la chaîne, plante en terre une première fiche, en l'appuyant intérieurement contre la poignée. Alors les deux chaîneurs relèvent la chaîne et se mettent en marche jusqu'à ce que le second chaîneur soit arrivé auprès de la fiche laissée par le premier ; la chaîne est de nouveau tendue horizontalement, à partir de ce point, dans la direction de la ligne AB, et de manière que la première poignée touche extérieurement la fiche. Le premier chaîneur plante une seconde fiche, pendant que l'autre enlève la première, et ainsi de suite jusqu'à la fin de l'opération.

Lorsque la chaîne a été tendue ainsi dix fois, le second chaîneur remet au premier les dix fiches qu'il a successivement enlevées, et chaque échange de dix fiches constitue ce qu'on appelle une *portée*; chacune d'elles doit être notée avec soin. Si la droite ne contient pas un nombre exact de fois la longueur de la chaîne, on ajoute au nombre obtenu de décamètres, le reste de la ligne évalué en mètres et en parties décimales du mètre. Pour évaluer cette fraction on emploie les chaînons et ensuite un mètre divisé.

Supposons que dans la mesure d'une ligne il y ait eu trois échanges de fiches, que le second chaîneur ait dans la main une fiche à la fin de l'opération, et que dans la dernière portion de chaîne employée il y ait quatre chaînons, plus une longueur évaluée à $0^m,15$; la longueur de la ligne sera $100^m \times 3 + 10^m \times 1 + 0^m,2 \times 4 + 0^m,15$, ou $310^m,95$.

Lorsqu'il s'agit de petites distances, on emploie fréquemment la roulette.

Quand le sol est incliné ou qu'il y a des sinuosités entre les deux jalons extrêmes, on mesure la distance des deux points sans tenir compte de la pente ou des sinuosités, c'est-à-dire qu'on mesure la longueur de la ligne horizontale qui joindrait sur le terrain le pied du premier jalon à la verticale du second. Si la pente est trop rapide, on tend seulement la moitié, ou toute autre fraction de la chaîne.

Levé au mètre.

Supposons que l'on veuille lever au mètre le plan d'un polygone ABCD (Pl. XII, fig. 4). On mesurera d'abord les côtés AB, BC, etc., de ce polygone; puis, à partir du sommet A on prendra sur les côtés AB et AE deux longueurs quelconques, AH et AG, de 10 mètres par exemple, et l'on mesurera GH. On aura les trois côtés d'un triangle qu'on pourra construire, et qui donnera l'un des angles A du polygone. On opère de même pour tous les sommets, et ces mesures suffisent pour construire la carte *abcde*.

Lorsque le contour du terrain présente des parties curvilignes, on les remplace par des lignes droites qui s'en écartent le moins possible (Pl. XII, fig. 3), et l'on opère comme dans le cas précédent.

Le levé du plan au mètre ne peut servir que pour de très petits plans. Pour en faire d'une étendue plus considérable, on se sert de divers instruments qui sont l'équerre, le graphomètre, la planchette.

Tracé des perpendiculaires.

Le tracé des perpendiculaires peut se faire par les procédés que la géométrie enseigne, lorsque le terrain n'a pas une grande étendue; on emploie, pour tracer les arcs de cercle, une corde au bout de laquelle est un piquet dont la pointe, en se mouvant, décrit l'arc sur le sol.

Pour mener au point C la perpendiculaire CD à BG (Pl. XII, fig. 2), on peut encore prendre avec la chaîne, sur CA, un point distant de trois mètres du point C; fixez en ce point une poignée de la chaîne avec une fiche ou un jalon, fixez de même en C l'anneau de cuivre distant de un mètre de l'autre poignée; éloignez-vous de ces points, de manière à tendre les deux portions de la chaîne qui y sont fixées, en tenant à la main l'anneau qui divise la chaîne en deux parties égales; le point du sol où doit être placé le centre de cet anneau pour que les deux portions de la chaîne soient parfaitement tendues, appartient à la perpendiculaire que l'on veut tracer, car il est le sommet d'un triangle dont les trois côtés sont égaux à 3 mètres, 4 mètres et 5 mètres. Or, $5^2 = 4^2 + 3^2$, donc le côté qui a une longueur de 5 mètres est opposé à un angle droit, et le triangle est rectangle en C.

Le plus ordinairement on se sert de l'équerre d'arpenteur pour le tracé des perpendiculaires.

Usage de l'équerre d'arpenteur.

L'équerre d'arpenteur (Pl. XII, fig. 5) est un octogone creux de huit à dix centimètres environ de hauteur et de six à sept centimètres de diamètre inscrit; ce corps est percé parallèlement à ses arètes, de huit fentes verticales très fines, sur moitié de leur longueur au moins, et d'un trou plus grand au-delà; ces fentes, qu'on appelle *œilletons,* sont placées de telle sorte que la droite qui passe par deux d'entre elles placées sur un même diamètre, soit perpendiculaire à celle qui passe par deux autres de ces fentes, et fasse des angles de 45 dégrés avec les directions des deux autres couples.

A l'un des fonds de l'octogone est adaptée une douille destinée à fixer l'équerre sur un bâton bien droit ferré à l'un de ses bouts, afin que l'on puisse l'enfoncer facilement dans la terre et maintenir l'équerre dans une position verticale.

Voici comment on se sert de l'équerre pour *mener par un point une perpendiculaire sur une droite* (Pl. XII, fig. 2).

Soit le point C, situé sur AB: on place verticalement en C le bâton de l'équerre, de manière qu'une fente soit dirigée suivant l'alignement AB; et en faisant placer un jalon dans la direction de la fente perpendiculaire, on obtient la droite CD perpendiculaire sur AB.

Si le point est situé hors de la droite, après avoir déterminé approximativement le pied de la perpendiculaire, on porte l'équerre de manière que, voyant à travers deux fentes opposées les extrémités de la droite, on puisse voir par les fentès perpendiculaires le jalon qui a été fixé au point par lequel on veut mener la perpendiculaire ; le pied du piquet qui porte l'équerre est alors le point cherché.

Pour lever un plan à l'équerre, on jalonne une diagonale, celle sur laquelle se projettent le plus de sommets (Pl. XII, fig. 6). Soit la surface ABCDE, et AD la diagonale prise pour base ; on mesure les distances AB′, B′E′, E′C′..., comprises entre les projections de deux sommets consécutifs, ainsi que les distances BB′, EE′..., des sommets à cette base. Ces mesures suffisent pour construire la carte *abcde*.

Mesure des angles au moyen du graphomètre.

Le graphomètre se compose d'un limbe demi-circulaire divisé en degrés ; ce limbe porte deux règles ou *alidades*, munies à leurs extrémités de *pinnules*, ou plaques de cuivre analogues aux faces de l'équerre d'arpenteur.

Quand on veut mesurer un angle sur le terrain, on place le graphomètre de manière que le centre du limbe étant un sommet de l'angle, les pinnules de l'une des règles soient dans la direction de l'un des côtés de l'angle, on met l'autre règle dans une position telle que ses pinnules soient dans la direction de l'autre côté de l'angle, et on lit alors sur le limbe l'angle cherché, dont la valeur correspond au nombre de degrés compris entre les deux alidades.

Description et usage du graphomètre.

Le demi-cercle qui forme le limbe d'un graphomètre est en cuivre, gradué de 0 degré à 180 degrés ; des deux alidades qu'il porte, l'une AB est fixe (Pl. XII, fig. 7), et fait corps avec le diamètre du demi-cercle, l'autre CD est mobile autour du centre, mais dans le plan du limbe. La fente de chaque pinnule a une partie étroite ou œilleton, et une partie assez large qui se nomme *croisée,* et contient un fil dirigé dans le sens de la longueur de la pinnule. Dans la position habituelle du graphomètre, son limbe est horizontal, et les pinnules de ses deux alidades se relèvent verticalement.

Le centre du limbe est fixé à une tige terminée par une *noix* ou sphère en laiton E, d'environ $0^m,02$ de diamètre. Cette sphère est embrassée par deux coquilles que l'on peut rapprocher au moyen d'une vis, de manière à la fixer. Cet assemblage porte le nom de *genou à coquilles.* Le graphomètre est supporté par une douille F dans laquelle s'emmanche l'axe d'un trépied.

Pour s'assurer que le centre du graphomètre est sur la verticale qui passe par le sommet de l'angle à mesurer, on dirige un fil à plomb suivant l'axe du trépied ; si l'extrémité du fil à plomb tombe au sommet de l'angle, l'instrument est convenablement établi ; dans le cas contraire, on enfonce en terre l'un des supports du trépied et l'on arrive aisément à remplir la condition exigée. Ensuite on fait tourner la sphère E entre les coquilles, jusqu'à ce que le plan du limbe contienne les deux points dont on veut mesurer la distance angulaire ; avec un peu d'habitude on y arrive après quelques tâtonnements. Puis on fait tourner le limbe dans cette position jusqu'à ce que l'on aperçoive l'un des points au travers de l'alidade fixe ; on serre la vis de pression, et l'on dirige l'alidade mobile de manière à apercevoir l'autre point.

Le diamètre AB, qui aboutit aux deux extrémités de la division en degrés, doit passer très exactement par le centre de la demi-circonférence. Les fils des deux pinnules répondent exactement à deux traits marqués aux extrémités du diamètre ; la droite ainsi déterminée s'appelle la *ligne de foi.* On conçoit d'après cela que si l'on applique l'œil du côté de la fente, puis qu'on regarde au travers de la croisée un objet situé à distance, la ligne de foi indiquera la direction du rayon visuel qui va de l'œil à cet objet. Les fils des pinnules de l'alidade mobile répondent à deux traits marqués sur les bords extrêmes de cette alidade; ces bords, taillés en biseau, longent intérieurement le cercle divisé, de manière qu'il est facile de distinguer la division du cercle qui se trouve en face de l'un des traits. L'angle demandé est celui que forme la ligne que détermine ces deux traits de l'alidade mobile, avec la droite $0° — 180°$ du limbe; la valeur de cet angle est indiquée à un demi-degré près par la division du limbe en face de laquelle se trouve le trait marqué sur l'alidade.

Une disposition très ingénieuse permet d'apprécier de petites fractions de la graduation écrite. Ce système additionnel est connu sous le nom de *vernier*, du nom de son inventeur.

Proposons-nous, par exemple, avec un demi-cercle gradué en demi-degrés, de mesurer un angle à une minute près, c'est-à-dire à $\frac{1}{50}$ de demi-degré près. L'alidade mobile porte à chaque extrémité une portion de cercle dont le bord extérieur glisse sur le bord intérieur du cercle divisé (Pl. XII, fig. 8). On a pris sur cet arc, à partir du zéro de l'alidade et dans le sens de la graduation correspondante du cercle, une longueur de 29 divisions qu'on a partagée en 30 parties égales. Chaque division du cercle étant d'un demi-degré ou de 30 minutes, une division du vernier est égale aux $\frac{29}{30}$ de 30 minutes, c'est-à-dire à 29 minutes : il y a donc une différence d'une minute entre une division du cercle et une division du vernier. Par conséquent, si le zéro du vernier coïncide avec un des traits de division du limbe, le premier trait du vernier sera en arrière d'une minute sur le trait suivant du limbe, le second trait du vernier sera en arrière de deux minutes sur celui du limbe qui le suivra. Si donc le zéro du vernier ne coïncide pas avec un des traits de division du limbe, on cherchera le trait du vernier qui correspond à un de ceux du limbe; si c'est, par exemple, comme dans la figure 8, le troisième trait du vernier, on conclura qu'au nombre de demi-degrés lus sur le limbe, 45°30', il faut ajouter trois minutes représentant l'arc *ab*.

Avant de se servir du graphomètre, il faut avoir le soin de le vérifier.

Pour vérifier un graphomètre, on mesure avec soin les trois angles d'un triangle, ou bien les angles formés autour d'un point. On doit trouver, pour la somme, 180° dans le premier cas, et 360° dans le second. Dans le cas contraire, la différence entre la somme trouvée et celle qu'on aurait dû avoir, divisée par le nombre d'angles mesurés, donnera le degré moyen d'approximation avec lequel chaque angle aura été mesuré.

Dans le levé d'un plan au graphomètre, on commence par faire à vue d'œil un croquis du plan à lever; puis mesurant une base AE (Pl. XII, fig. 9), on place le graphomètre en A, de manière à ce que l'alidade fixe soit dirigée suivant AE; puis, à l'aide de l'alidade mobile, on vise successivement chacun des sommets du polygone et on lit sur le graphomètre les angles BAE, CAE, DAE, EAF, EAG, dont on prend note; puis, portant le graphomètre au point E, on mesure de même les angles AEB, AEC, AED, AEF, AEG. Après ces deux séries d'opérations on peut construire la carte, puisque les triangles ABE, ACE..... sont déterminés.

Rapporter le plan sur le papier.

Une fois levé, le plan doit être rapporté sur le papier, quel que soit le procédé que l'on ait employé. Ce travail peut être fait dans le cabinet, à l'aide des croquis sur lesquels on a inscrit les mesures effectuées. Comme la géométrie enseigne à tracer une figure semblable à une figure donnée, je ne ferai que quelques observations pratiques sur cette question.

Échelle de réduction.

Le rapport d'une ligne droite d'un plan à celle qui lui correspond sur le papier se nomme *échelle du plan*.

L'échelle est une ligne droite divisée en parties égales, et l'une de ces parties est elle-même subdivisée en parties égales; elle sert à mesurer les longueurs et à les réduire dans un certain rapport; elle est d'ailleurs arbitraire, elle dépend de la grandeur du papier sur lequel on veut rapporter le plan, et du plus ou moins grand nombre de détails qu'on veut y placer.

Dans les plans du cadastre, une longueur de 2500 mètres est représentée par une ligne d'un mètre, de sorte que 100 mètres sont représentés par $0^m,04$. Afin de pouvoir mesurer les mètres, il faudra donc diviser en cent parties égales cette longueur de $0^m,04$; les points de division seraient alors tellement rapprochés qu'il serait difficile de les distinguer, mais ces petites longueurs peuvent être mesurées avec une grande précision à l'aide de l'*échelle de réduction*.

Supposons qu'il s'agisse de construire une échelle à $\frac{1}{2500}$, de manière à évaluer une longueur d'un mètre. On trace une droite sur laquelle on prendra (Pl. XII, fig. 14), à partir du point B, une longueur BF égale à $0^m,04$; on élèvera aux extrémités deux perpendiculaires BA et FE sur chacune desquelles on portera dix fois la même ouverture de compas; puis, joignant les extrémités de ces perpendiculaires, on partagera la ligne BF et la parallèle AE en dix parties égales; sur le prolongement de BF on portera cette longueur autant de fois que possible de F en G, de G en C, etc.; par les points de division de AB on mènera des parallèles à BC, et l'on numérotera les divisions de EF, 1, 2, 3, 4, 5, 6, 7, 8, 9, et celles des parallèles AD et BC, 0 au point F, 100 en G, 200 à C, etc.

Si maintenant nous menons la droite FH au premier point de division de AE, il est facile de voir que la partie de chaque parallèle comprise entre FE et FH, vaudra un nombre de dixièmes de EH marqué par le nombre qui correspond à cette parallèle et qui se trouve sur EF, et par conséquent donnera les longueurs de 1 mètre, 2 mètres, etc. Par exemple, la partie 14 vaut 4 dixièmes de EH, car dans le triangle EFH, la droite 14 étant parallèle à EH, le rapport de 14 à EH est le même que celui de F4 à FE. On placera aux dix divisions égales de BF les nombres 10, 20, 30, etc. ; il ne restera plus qu'à les joindre aux dix points de division de AE par des transversales obliquant d'une division et l'échelle sera construite.

Ainsi, pour figurer sur le plan une distance de 256 mètres, on placera une des pointes d'un compas sur la sixième parallèle, à partir de la perpendiculaire marquée 200, et l'on amènera l'autre pointe à l'intersection de cette parallèle avec la transversale numérotée 50, au point K.

Si l'on voulait résoudre le problème inverse, connaître la longueur d'une droite tracée sur le plan, on prendrait une ouverture de compas égale à la longueur à mesurer, et on la porterait sur l'échelle à partir de la ligne EF, ce qui ferait connaître cette longueur à 100 mètres près. En supposant que la longueur à mesurer soit comprise entre 300 et 400 mètres, on fera glisser le compas sur les parallèles successives, jusqu'à ce que l'une des pointes du compas étant sur la perpendiculaire numérotée 300, l'autre pointe se trouve sur une des transversales ; si cette transversale est numérotée 10, et que l'on soit sur la quatrième parallèle, on en conclura que la longueur de la ligne à mesurer est de 314 mètres.

Levé à la planchette.

Lorsqu'un plan est très chargé de détails, et qu'il est difficile de bien faire un croquis, on se sert de la *planchette*. Elle se compose d'une planche horizontale montée sur un pied à trois branches avec genouillère. On tend sur cette planche une ou plusieurs feuilles de papier, au moyen de deux petits cylindres parallèles, mobiles sur leurs axes, et disposés sur les bords de la planchette. Un petit niveau à bulle d'air, que l'on pose sur la planchette, dans différentes situations, permet de rendre l'instrument horizontal.

La partie mobile de la planchette est une règle ou alidade, munie de deux pinnules verticales. Ces pinnules perpendiculaires à la règle sont articulées à charnières, ce qui permet de les rabattre et de les coucher sur la règle quand on n'en fait pas usage, et qu'on veut transporter l'alidade dans une boîte. L'un des bords de la règle amincie en biseau se trouve exactement dans la direction des fils des pinnules, et détermine ainsi la ligne de foi. Lorsque l'alidade est placée sur une planchette rendue horizontale, cette arête de la règle est la projection sur le papier de la ligne de visée déterminée par les deux pinnules. Les pinnules ont d'ailleurs une certaine hauteur pour que la direction du rayon visuel puisse plonger ou se relever au besoin, afin de pouvoir observer les points situés au-dessus ou au-dessous de l'horizon déterminé par la planchette. La planche est attachée à un trépied, qui la porte, par un système de pièces articulées, telles qu'on puisse la rendre horizontale, lui donner telle direction que l'on veut, et ensuite la fixer d'une manière absolue. Mais cet instrument conserve difficilement la position horizontale, parce que le genou à coquille est peu stable et qu'on s'appuie toujours un peu sur le plateau qui sert de table à dessin ; d'un autre côté, lorsqu'on a mis la planchette de niveau dans un sens, et que l'on veut la mettre de niveau dans un autre sens, on dérange le premier, c'est pourquoi on substitue au genou à coquilles ce qu'on nomme un genou à la *cugneau*.

La pièce principale de cet appareil se compose (Pl. XII, fig. 10) de deux cylindres A, B, qui font corps l'un avec l'autre, et dont les axes sont perpendiculaires entr'eux. Le cylindre inférieur A est placé entre deux supports D, E, fixés sur la plate-forme K du pied GHI, et il est traversé, ainsi que les supports, par un axe ayant une tête à un bout et un écrou D à l'autre bout. Le second cylindre B est ajusté de la même manière entre deux supports L, M, fixés à une autre plate-forme N, liée à la planchette par un boulon à écrou O.

Enfin, la planche à dessiner porte à sa partie inférieure un cadre à coulisses, dans lequel on peut engager une petite planche carrée placée sur le disque N, de manière que cette petite planche et la planchette fassent corps ensemble, et aient leurs plans parallèles.

Par cette disposition, quand on desserre les écrous des trois boulons, D, M, O, les deux planches réunies peuvent tourner librement autour de chacun de ces boulons. La planchette étant mise dans une position à peu près horizontale, on pose dessus un niveau à bulle dans une direction perpendiculaire à l'axe du cylindre A ; on la fait tourner autour de l'axe de ce cylindre jusqu'à ce que la bulle soit entre ses repères ; le cylindre B est alors horizontal ; puis, serrant l'écrou D, on rend cette horizontalité permanente. On place ensuite le niveau dans une direction perpendiculaire à l'axe du cylindre B, on fait tourner la planchette autour de l'axe de ce cylindre jusqu'à ce que la bulle soit entre ses repères, et l'on serre l'écrou M ; cela fait, l'horizontalité de la planchette est assurée, et l'on ne peut plus la faire tourner qu'autour du boulon O ; enfin, lorsqu'on a fait tourner la planchette jusqu'à ce qu'une ligne du plan ait la même direction que l'homologue du terrain, on serre l'écrou O, et la planchette est *orientée*.

Pour lever un terrain à la planchette on emploie trois méthodes.

1° *Méthode par rayonnement* (Pl. XII, fig. 11). Supposons que l'on veuille lever le terrain polygonal ABCDE. On se place à un point intérieur du terrain O, et après avoir marqué arbitrairement, sur la feuille de papier, le point *o* homologue de O, on disposera l'instrument de manière que ces deux points *o*, O, soient dans une même verticale : un fil à plomb, ou même un petit caillou qu'on laisse tomber de dessous *o*, servira à cette opération préliminaire. On marque sur le papier, à l'aide d'une aiguille qu'on y enfonce, la projection *o* du point O, et on fait passer l'alidade par tous les sommets du polygone. On tire un trait le long de la ligne de foi qui s'appuie sur l'aiguille, on rapporte à l'échelle suivant *oa*, *ob*, les distances OA, OB, et on a la carte du terrain.

2° *Méthode par cheminements* (Pl. XII, fig. 12). Pour faire le levé des points A, B, C, D, E d'un terrain, les verticales de ces points étant figurées par des jalons qui y sont plantés, on met la planchette à la place du jalon qui est en A ; la tablette est rendue horizontale, et l'on s'assure avec un fil à plomb que le point *a* répond sensiblement au point A. Puis, on prend sur la planchette le point *a* et la droite *ab* pour les projections du point A et de la droite AB réduite à l'échelle donnée ; dès-lors, le point *b* est la projection du sommet B. On met ensuite la planchette en station au point B, en l'orientant sur la droite BA ; on applique la ligne de foi de l'alidade contre une aiguille plantée verticalement au point *b* du plan, et l'on fait tourner l'alidade autour de l'aiguille, comme axe, jusqu'à ce qu'on aperçoive à travers les pinnules le jalon placé au sommet suivant C. En traçant la droite *bc* le long de la ligne de foi, on a la projection du côté BC sur la planchette, de sorte que l'angle *abc* est la projection de l'angle ABC. On mesure alors la longueur du côté BC et on la porte sur la droite *ac*, après l'avoir réduite à l'échelle. Soit *c* le sommet du point C; on se transporte à ce sommet, et l'on y met la planchette en station, en l'orientant sur la droite CB. On vise ensuite le jalon qui signale le sommet D, en appuyant la ligne de foi de l'alidade contre une aiguille plantée au point *c* du plan, et on trace la droite *cd*, qui représente CD réduite à l'échelle, et on continue ainsi à lever le polygone *abcde*.

3° *Méthode des intersections* (Pl. XII, fig. 13). Dans cette méthode, il suffit de mesurer un des côtés AB du polygone, au lieu de mesurer, comme dans les deux méthodes précédentes, plusieurs côtés. On porte sur la planchette la droite *ab* qui représente AB réduite à une certaine échelle ; les points *a* et *b* sont alors destinés à représenter les deux points A et B. On met ensuite la planchette en station au point A, en l'orientant sur la droite AB, et dirigeant l'alidade vers les points C, D, E, on trace les droites indéfinies *ac, ad, ae*. On se transporte au sommet C, et on met la planchette en station, en l'orientant sur BA ; dirigeant alors l'alidade vers les points C, D, E, on trace de nouvelles droites qui coupent les précédentes aux points *c, d, e*, et il n'y a plus qu'à unir ces points par des lignes droites pour avoir le levé du terrain.

Déterminer la distance à un point inaccessible.

Pour déterminer la distance du point A au point inaccessible B, on chaîne une base AC partant du point A, on prend avec le graphomètre les angles A et C, on rapporte sur le papier le triangle BAC, et on mesure à l'échelle la longueur AB (Pl. XIII, fig. 1).

Si on opère sur un terrain uni, on peut mener DE

parallèle à AC, en faisant, à l'aide du graphomètre, au point D, un angle égal à A, et l'on aura, en désignant AC par a, DE par b, AD par c et AB par x, $\dfrac{x}{x-c} = \dfrac{a}{b}$, d'où

$$bx = ax - ac, \quad \text{et} \quad (a-b)\,x = ac, \quad x = \dfrac{ac}{a-b};$$ on chaînera donc les lignes dont la longueur entre dans la valeur de x, et on calculera cette distance.

Lorsque le terrain est assez uni et découvert du côté de la rivière où on se trouve, on peut mesurer sur le sol même une longueur égale à AB. On choisit sur le terrain, comme dans la méthode précédente, une base BO (fig. 4), dont on joint l'extrémité O par des droites au point inaccessible A, et à un point accessible C de la ligne AB; on mesure les distances BO, CO, et on les prolonge au-delà du point O de quantités OB', OC', qui leur soient respectivement égales. On détermine ensuite le point d'intersection A' des deux directions AO, B'C', et l'on mesure la distance A'B', qui est égale à AB. En effet, les triangles BCO, B'C'O, ayant un angle égal compris entre deux côtés égaux chacun à chacun, sont égaux, ainsi que leurs angles CBO, C'B'O. Les triangles ABO, AB'O, ont par suite un côté égal adjacent à deux angles égaux chacun à chacun; donc le côté A'B' de l'un est égal au côté AB de l'autre.

Si l'on n'a pas de graphomètre, mais une équerre d'arpenteur, on peut procéder de la manière suivante (fig. 2). Par le point A on élève une perpendiculaire AC sur la droite AB, puis on marche dans la direction AC, en portant une équerre de manière que l'une des lignes de visée se confonde toujours avec la droite AC. Tout en avançant, on vise dans la direction qui fait un angle de 45 degrés avec la ligne AC, et l'on s'arrête lorsqu'on aperçoit le point B. soit alors D la position de l'équerre; on y plante un jalon et l'on mesure la distance AD qui est égale à AB, car le triangle rectangle ABD, dont l'angle D est de 45 degrés, est isocèle.

Déterminer la distance entre deux points inaccessibles.

Soit la distance AB à évaluer (fig. 3) : on prend un point C, d'où l'on puisse voir les points A et B, et l'on mesure une base CD, arrêtée au point D, d'où l'on puisse également voir les points A et B ; puis, au moyen de la planchette ou du graphomètre, on évaluera les angles ACD, BCD, ADC, BDC. Les deux triangles ACD, BCD étant déterminés par un côté et les deux angles adjacents, on construit, à une échelle convenable, sur le papier, deux triangles semblables à ceux-ci, et on mesure sur le papier, à l'aide de l'échelle, la distance AB.

Lorsque le terrain est uni et découvert du côté où on se trouve, on peut mesurer sur le sol une longueur égale à AB (fig. 5). On choisit sur le terrain un point C par lequel on trace une droite DC, et une seconde droite qui rencontre les lignes DA et DB aux points E et F ; puis on prend, sur les prolongements des droites CD, CE, les longueurs CD', CE', CF', respectivement égales aux lignes CD, CE et CF. On détermine ensuite le point d'intersection A' des deux droites AC, D'E', et celui B' des deux droites BC, D'F'. En mesurant la distance des deux points accessibles A' et B', on a la distance des points inaccessibles A et B, car les deux droites AB et A'B' sont égales. En effet, il résulte de l'égalité des deux triangles ACD et A'CD', que les deux droites AC et A'C' sont égales, et de l'égalité des triangles BCD et B'CD', que les deux droites BC et B'C' sont égales. On en conclut que les triangles ACB et A'CB' ont un angle égal compris entre deux côtés égaux chacun à chacun, et par suite, que le côté A'B' est égal à AB.

Si on a une équerre d'arpenteur, on peut procéder de la

manière suivante (fig. 6) : par un point C choisi sur le
terrain accessible, on trace la droite CD perpendiculaire
à CB, puis on détermine sur cette droite, au moyen de
l'équerre, le segment CB′ égal à CB, et sur une perpendiculaire à CA, on détermine de même le segment CA′ égal
à CA. On mesure ensuite la distance A′B′ qui est égale
à AB, car les triangles ABC, A′B′C ont un angle égal
compris entre deux côtés égaux chacun à chacun.

Prolonger une ligne droite au-delà d'un obstacle qui arrête la vue.

Soit à prolonger la ligne AB (fig. 7) : je mesure une base
BC, et les angles ABC, BCD. Je construis sur le papier le
triangle BCD. Je prends la distance CD sur le papier, et je
la jalonne sur le terrain ; son extrémité D appartient à la
direction AB ; il ne restera plus alors qu'à tracer une ligne
DH, faisant avec CD un angle égal à CDB.

Si on opère sur un terrain uni, on élève en un point B de
la droite à prolonger, une perpendiculaire BF que l'on
mesure exactement ; on élève ensuite une perpendiculaire
FG à BF ; puis, prenant une longueur FG, on mènera une
perpendiculaire GH à FG, et on prendra GH = BF ; déterminant une perpendiculaire HD à la droite GH, cette
perpendiculaire sera le prolongement de AB, car AB et HD
sont deux parallèles à FG, également distantes de cette
droite.

On peut encore tirer AE parallèle à BC, jalonner ECD, et
trouver par le calcul la distance DE. On a, en effet,
$\dfrac{DE}{CD} = \dfrac{AE}{BC}$; désignant par a, b, c les distances connues
AE, BC, CE, et par x la distance inconnue DE, on a donc
$\dfrac{x}{x-c} = \dfrac{a}{b}$, d'où $bx = ax - ac$, et $x = \dfrac{ac}{a-b}$.

Lorsque le terrain qui se trouve en avant de l'obstacle est spacieux et libre, on peut opérer de la manière suivante avec la chaîne seule (fig. 8). On prend sur la droite AB deux points A, B, suffisamment éloignés l'un de l'autre, et hors de cette droite un point C d'où l'on puisse apercevoir les objets situés des deux côtés de l'obstacle D. On trace ensuite les droites AC, BC, que l'on prolonge de quantités CA', CB', respectivement égales aux distances CA, CB, et l'on jalonne la droite A'B', qui est égale et parallèle à AB. Cela fait, on choisit sur A'B' deux points E' et F', tels que les droites E'C et F'C rencontrent le prolongement de AB au-delà de l'obstacle : soient E et F ces intersections ; pour les déterminer, il suffit évidemment de prendre la distance CE égale à CE', et CF égale à CF'. En traçant EF, on a le prolongement de la droite AB au-delà de l'obstacle D.

Par trois points donnés, mener une circonférence , lors même qu'on ne peut approcher du centre.

Soient A, B, C les trois points donnés (fig. 9).

Placez un graphomètre en A ; dirigez vers C l'alidade fixe ; faites tourner l'alidade mobile de 10°, 20°, 30°... vers le point B, et faites planter des jalons dans ces diverses directions. Transportez ensuite le graphomètre au point B, dirigez vers C l'alidade fixe, et faites tourner l'alidade mobile de 10° du côté opposé à A ; le point C' du terrain, qui se trouvera à l'intersection du nouvel alignement avec le premier de ceux que l'on avait déterminé à la première station, doit appartenir à la circonférence cherchée ; il en sera de même des points C'', C''', C'''', où les alignements déterminés à la première station seront rencontrés par l'alidade mobile, formant avec BC des angles successifs de 20°, 30°, 40°.....

En effet, considérons un quelconque de ces points, C″ par exemple, on a

$$C''AB = CAB - 20°, \quad \text{et} \quad C''BA = CBA + 20°,$$

d'où

$$C''AB + C''BA = CAB + CBA.$$

La somme des angles $C''AB$, $C''BA$ du triangle ABC'', est donc la même que celle des angles CAB, CBA du triangle ABC; l'angle C'' est donc égal à l'angle C, et le point C'' est sur le segment capable de l'angle C, décrit sur AB, c'est-à-dire que C'' appartient à la circonférence qui passe par les trois points A, B, C.

La détermination des points C', C'', C''' s'effectue très rapidement quand il y a deux opérateurs, munis chacun d'un graphomètre, placés aux deux points A et B, et un aide qui s'avance, guidé par les indications du premier opérateur, sur un des alignements partant de A, jusqu'à ce que le second opérateur le voie dans l'alignement de même ordre, partant de B.

Trois points A, B, C étant situés sur un terrain uni et rapportés sur une carte, déterminer sur cette carte le point P, d'où les distances AB et BC ont été vues sous des angles qu'on a mesurés (fig. 10).

Ce problème sert, dans le levé des plans, pour déterminer la position d'un point par rapport à d'autres déjà rapportés sur le papier. Il est aussi fréquemment employé par les ingénieurs hydrographes, lorsqu'ils ont à construire la carte des écueils et des fonds d'une côte; ils déterminent ainsi très facilement la position du point où ils pratiquent un sondage, par rapport à trois points fixes de la côte. Les marins peuvent encore y recourir pour déterminer la position de leur navire, par rapport à une côte dont ils aperçoivent les différents points.

Pour résoudre ce problème, je décris sur AB un segment capable de l'angle APB, et sur BC un segment capable de l'angle BPC; le point P, intersection des deux arcs, est le point cherché. Si la somme des angles en P est supplémentaire de l'angle ABC, les deux arcs appartiennent à la même circonférence passant par les quatre points A, B, C, P, et le point P est indéterminé sur la carte, quoique sa position soit parfaitement déterminée sur le terrain; il faut, dans ce cas, changer un des trois points A, B, C.

Notions sur l'arpentage.

L'arpentage a pour objet la mesure de la superficie des terrains. Lorsque celui sur lequel on opère est terminé par un contour rectiligne, on peut opérer en décomposant ce polygone en triangles, et calculer séparément la surface de chacun de ces triangles; la surface totale sera la somme des surfaces des triangles. Les instruments que l'on emploie pour arriver à cette mesure sont la chaîne et l'équerre d'arpenteur.

On peut simplifier les opérations en employant la méthode de décomposition en trapèzes. On jalonne une diagonale, sur laquelle on abaisse des perpendiculaires de chacun des sommets. Le polygone sera ainsi décomposé en trapèzes et en triangles rectangles, et le problème se ramènera à déterminer les longueurs de ces perpendiculaires et celles des distances comprises entre leurs pieds.

Si l'on avait à déterminer la surface d'un terrain dont l'intérieur serait inaccessible, tel qu'une forêt, on construirait un rectangle renfermant le terrain dont on veut évaluer l'aire (fig. 11); puis, déterminant l'aire de ce rectangle, et rétranchant l'aire de la surface comprise entre le périmètre du rectangle et le terrain inaccessible, on aurait la surface cherchée. On évaluera, dans ce cas, l'aire de la surface à retrancher, en menant, des différents sommets du terrain inaccessible, des perpendiculaires sur les côtés du rectangle.

Cas où le terrain serait limité, dans une de ses parties, par une ligne courbe.

On choisit sur cette courbe (fig. 12) des points assez rapprochés A, C, D, E, F, pour que l'arc de courbe compris entre deux points consécutifs ne s'écarte pas beaucoup de la droite qui les joint, et de ces points on abaisse des perpendiculaires sur une droite prise pour base. A la surface curviligne, on substitue une somme de trapèzes rectangles qui en diffère très peu.

On simplifie le calcul en partageant la base ab en un certain nombre de parties égales, et par les points de division a, c, d, e, f, on élèvera des perpendiculaires. Si l'on désigne par h la longueur d'une des divisions, et par $y_1, y_2, y_3, \ldots\ldots y_{n-1}, y_n$ les longueurs des perpendiculaires Aa, Cc, Dd, $\ldots\ldots Qq$, Bb, on trouve que la somme des trapèzes est égale à

$$\tfrac{1}{2}h(y_1+y^2)+\tfrac{1}{2}h(y_2+y_3)+\tfrac{1}{2}h(y_3+y_4)+\ldots+\tfrac{1}{2}h(y^{n-1}+y_n),$$

ou, ce qui revient au même, à

$$\tfrac{1}{2}h(y_1+y_2+y_2+y_3+y_3+y_4+y_4+\ldots+y_{n-1}+y_n),$$

ou $\quad \tfrac{1}{2}h(y_1+2y^2)+2y_3+2y_4+\ldots\ldots+2y_{n-1}+y_n).$

Si l'on désigne par γ la somme de toutes les perpendiculaires, l'expression précédente devient

$$\tfrac{1}{2}\, h\,[2\gamma - (y_1 + y_n)] = h\left(\gamma - \frac{y_1 + y_n}{2}\right).$$

Ainsi, quand la base a été divisée en parties égales,
*on obtient l'aire cherchée en multipliant une division de la base
par la somme de toutes les perpendiculaires, diminuée de la
demi-somme des deux perpendiculaires extrêmes.*

NOTIONS SUR LE NIVELLEMENT ET SES USAGES.

Objet du nivellement.

Dans les notions sur le levé des plans, nous avons supposé que le terrain à représenter était sensiblement horizontal. Il nous est donc impossible, d'après les plans dressés ainsi, de déterminer la véritable forme des terrains ; il devient nécessaire de rechercher un élément nouveau, la distance de chaque point au plan sur lequel il est projeté. Ces recherches sont l'objet du nivellement que nous définirons : *l'opération qui sert à déterminer les distances des divers points d'un terrain à un même plan horizontal, et à les inscrire sur la carte qui représente le levé du plan de ce terrain.*

Le nombre qui indique la distance d'un point à un plan horizontal s'appelle la *cote* de ce point.

Description et usage du niveau d'eau.

On obtient les cotes des différents points d'un terrain, au moyen du niveau d'eau.

Le niveau d'eau se compose d'un tube en fer-blanc, long d'environ un mètre, dont les extrémités, recourbées à angle droit, portent deux petits tubes de verre. Ces deux petits cylindres, sans bases, sont encastrés dans les coudes du tube, et la paroi de ces coudes est garnie de cuir présentant une certaine élasticité : un couvercle mobile ferme l'extrémité supérieure de chaque cylindre ; au moment d'opérer, on remplit ceux-ci d'eau jusqu'à la moitié de leur hauteur à peu près. Un étui en fer-blanc, noirci intérieurement, enveloppe en partie chaque cylindre. Au milieu du tube est fixée une douille qui peut être emmanchée sur la tige d'un pied à trois branches. Dans les niveaux construits avec soin, la douille n'est pas directement fixée au tube ; elle est adaptée à un genou à coquilles, dont les deux valves embrassent une sphère métallique fixée au milieu du tube, de sorte qu'on peut donner au tube une position horizontale et l'amener, par un mouvement de rotation dans un plan vertical quelconque, passant par le point d'appui du niveau sur son pied.

D'après la propriété des vases communiquants que l'on démontre en physique, les deux surfaces libres de l'eau seront dans un même plan horizontal. Ce plan prend le nom de *plan de niveau* ou de *nivellement*. Tout rayon visuel AB (Pl. XV, fig. 4) qui rase la surface de l'eau dans les deux cylindres, est une ligne horizontale, et si l'on fait tourner le tuyau autour de l'axe du genou, cette droite restera toujours dans le même plan horizontal, si les diamètres des deux cylindres sont exactement égaux, bien que dans chacun d'eux la hauteur puisse varier. Il importe que le tube du niveau soit à peu près horizontal, pour qu'en lui faisant faire le tour de l'horizon, on ne fasse pas couler l'eau hors du cylindre le moins élevé, et que les surfaces qui la terminent restent dans le même plan. A cause de la limpidité de l'eau, il serait presque impossible d'en apercevoir la surface, si l'étui qui enveloppe en partie chaque cylindre n'était pas noirci intérieurement.

Supposons que l'on place cet instrument au milieu de la ligne qui joint deux jalons E et F, et qu'après avoir amené

les deux cylindres dans un même plan avec E, on se place
à quelque distance de l'appareil, et qu'on vise de manière à
ce que le rayon visuel effleure les deux surfaces liquides,
l'œil rencontrera un certain point du jalon E; changeant
alors de côté, supposons que l'on vise de la même façon
le jalon F. Si ces deux jalons sont uniformément gradués,
comme le niveau du plan visuel n'a pas changé, les deux
lectures donneront la différence de niveau qui existe entre
les deux points E et F.

La *mire* CE est une règle divisée en décimètres et centimètres. Un *voyant* C, formé d'un morceau de fer-blanc
partagé en quatre rectangles égaux par deux lignes, horizontale et verticale, est fixé à la bride d'une embrasse
mobile le long de la règle. Deux de ces rectangles, situés en
diagonale, sont peints en rouge ou en noir, les autres en
blanc. La face de l'embrasse qui est opposée au voyant est
appliquée sur la graduation de la règle; cette face a dans
sa partie inférieure une échancrure dont l'un des bords est
divisé en millimètres. Il est donc bien facile de lire sur la
règle, la distance comprise entre le pied de la mire et le
centre du voyant. Dès que le point de visée est à deux
mètres du pied de la mire, l'embrasse est arrêtée par un
buttoir; et si l'on serre alors la vis de pression, elle se
trouve fixée au buttoir lui-même.

Pour avoir une cote que nous supposerons d'abord
moindre que 2 mètres, le niveleur se place au niveau; un
aide va poser le pied de la mire au point dont on veut
avoir la cote, et à l'aide d'une pédale, maintient la mire
verticalement; alors il desserre la vis qui maintenait le
voyant, et le monte ou le descend suivant le signe du niveleur, jusqu'à ce que la ligne de visée passe par le centre
du voyant, ce qui lui est indiqué par un dernier signe.
Lorsque le voyant est fixé sur la règle, pour mesurer la
hauteur de son centre au-dessus du sol, on lit le nombre
de centimètres qui correspond au trait de la règle placé

immédiatement au-dessous du zéro de l'embrasse, et on y ajoute le nombre de millimètres indiqué par le numéro de la division de l'embrasse qui est en face de ce même trait de la règle.

Si la cote est plus grande que 2 mètres, l'aide fixe le voyant sur le buttoir; il fait ensuite monter une seconde règle, qui glisse dans l'intérieur de la première au moyen d'une coulisse, jusqu'à ce que le centre du voyant soit dans le plan de niveau. De cette manière, la longueur totale de l'appareil peut atteindre 4 mètres.

Manière d'inscrire et de calculer les résultats des observations.

Lorsque les cotes de différents points du terrain peuvent être obtenues à une même station du niveau, on dit que le nivellement est *simple,* et les cotes sont prises par rapport au plan de niveau que l'instrument détermine. L'aide porte la mire à chacun des points, et le niveleur lit et inscrit chacune des cotes, et on obtient la différence de niveau de ces points, en prenant la différence de leurs cotes.

Quand les deux points dont on veut obtenir la différence de niveau sont fort éloignés l'un de l'autre, ou quand ils sont séparés par des accidents de terrain, on fait plusieurs stations intermédiaires. Un enchaînement de nivellements simples, rattachés les uns aux autres par les cotes d'un même point, prises de deux stations consécutives, constitue un nivellement *composé.* Le nivellement simple ne peut être appliqué qu'à des points dont la distance ne surpasse pas 50 mètres, et dont la différence de niveau est moindre que 4 mètres.

On commence par mesurer les distances horizontales des points où on doit successivement placer la mire, et on mesure aussi les angles que ces distances font entr'elles; puis on procède aux nivellements.

Soient (Pl. XV, fig. 5), A et D les deux points dont on veut trouver la différence de niveau, à l'aide des deux points intermédiaires B et C. D'une première station E, placée à peu près à égale distance de A et de B, on détermine les cotes Aa et Bb de ces deux points; d'une seconde station F, à peu près à égale distance de B et de C, on détermine les cotes Bc et Cd; d'une troisième station G on déterminera les cotes Ce et Df. Lorsque le niveleur vise le premier point, pour reconnaître si le centre du voyant est dans le plan du niveau, on dit qu'il donne *le coup de niveau d'arrière*; quand il vise le second point, il donne le *coup de niveau d'avant*. La cote d'un point, prise de la première station, porte le nom de *cote arrière*, et celle du même point prise de la seconde, se nomme *cote avant*.

Désignons par les petites lettres non accentuées a, b, c, d, les cotes avant des points A, B, C, D, et par les mêmes petites lettres accentuées a', b', c', d', les cotes arrière des mêmes points; le niveau étant en E, les hauteurs de mire des points A et B sont a' et b, etc. On convient d'appeler *différence de niveau* de deux points A, B, le nombre positif ou négatif $b - a'$, qu'on obtient en retranchant la cote arrière du premier de la cote avant du second. La différence du niveau des deux points extrêmes sera donc

$$x = (b - a') + (c - b') + (d - c'),$$

ou

$$x = (b + c + d) - (a' + b' + c').$$

Si nous remarquons que la première parenthèse ne renferme que des cotes avant et la seconde des cotes arrière, nous en conclurons que dans un nivellement composé, pour avoir la différence de niveau des deux points extrêmes, on retranche la somme des cotes arrière de la somme des cotes avant. Si le reste est positif, il indique de combien le point extrême qui a reçu seulement le coup d'avant, est élevé au-dessus du point qui n'a reçu que le coup d'arrière; si le reste est négatif, il indique de combien le point extrême est plus bas que le premier.

Si, par exemple, le premier nivellement a donné les cotes $2^m,314$ et $0^m,251$ des points A et B ; le deuxième, les cotes $1^m,505$ et $0^m,392$ des points B et C ; le troisième, les cotes $1^m,065$ et $1^m,135$ des points C et D, on aura, pour la différence de niveau des points A et D,

$$(0^m,251 + 0,392 + 1,135) - (2,314 + 1,505 + 1,065),$$

ou $\qquad 1^m,778 - 4^m,884 = -3^m,106.$

Pour faciliter le calcul de la différence de niveau de deux quelconques de ces points, on détermine leurs cotes par rapport à un même plan horizontal que l'on prend à volonté au-dessus de tous les plans de niveau partiels, et qu'on appelle *plan général du nivellement*. Si l'on veut rapporter toutes les cotes à un plan général, situé par exemple à 10 mètres au-dessus du point A, on devra augmenter de 10 mètres la différence du niveau entre tous les points et le point A.

Pour mettre de l'ordre dans nos calculs, on inscrit sur un carnet, de la manière suivante, le résultat des observations :

NUMÉROS DES STATIONS.	DISTANCES HORIZONTALES entre LES POINTS.	Nos D'ORDRE DES POINTS.	COTES AVANT.	COTES ARRIÈRE.	DIFFÉRENCES du NIVEAU.	COTES rapportées au PLAN GÉNÉRAL.
		A		2,314		10^m
1	50				+2,063	
		B	0,251	1,505		$12^m,063$
2	35				+1,113	
		C	0,392	1,065		$13^m,176$
3	31				—0,070	
		D	1,135			$13^m,106$
			1,778	4,884		

Vérification des calculs.
$1,778 - 4,884 = -3,106$
$10^m - 13,106 = -3,106$

Profils de nivellement.

Soient A, B, C, D (Pl. XV, fig. 6) différents points du sol; A', B', C', D' leurs projections sur le plan général du nivellement; les plans projetants des droites AB, BC, CD, forment une surface prismatique composée de trapèzes rectangles ABA'B', BCC'B', CDC'D', qui, comme toutes les surfaces prismatiques, est développable, c'est-à-dire peut être appliquée tout entière sur un plan sans déchirure ni duplicature. En effet, je fais tourner le premier trapèze ABA'B' autour de son côté BB', comme axe, jusqu'à ce qu'il vienne se placer sur le prolongement du plan du trapèze BCB'C' dans la position $A'_1B'BA_1$. Je fais tourner ce plan, qui contient alors les deux premiers trapèzes, autour de CC', jusqu'à ce qu'il vienne se placer sur le plan du troisième trapèze CDC'D'. La figure $A_2A'_2D'D$, résultant du développement de cette surface, est ce qu'on appelle le *profil du nivellement suivant la ligne ABCD.*

Ce mode de représentation fait ressortir la nécessité d'adopter une échelle différente pour les distances des projections horizontales et pour les cotes; il faut, en effet, que la première soit beaucoup plus petite que la seconde. On rend de cette manière les inflexions du terrain plus visibles sur le profil.

Représentation des résultats du nivellement et du levé des plans, à l'aide d'une seule projection.

Nous avons maintenant tout ce qui est nécessaire pour représenter un terrain d'une manière assez exacte et sans employer deux plans de projection. Il paraîtrait tout naturel de représenter la figure du terrain par ses deux projections sur deux plans rectangulaires, comme on le fait dans la représentation géométrique des corps, en prenant pour l'un des plans de projection un plan horizontal quelconque, et pour plan vertical un plan vertical quelconque déterminé par sa ligne de terre. On construirait d'abord la projection horizontale d'après les règles exposées dans le levé des plans; pour en déduire sa projection verticale, on mènerait par la projection horizontale de chaque point une perpendiculaire à la ligne de terre, et l'on prendrait sur cette perpendiculaire, à partir de la ligne de terre, une longueur égale à la hauteur du point considéré. Mais comme une projection verticale du terrain, outre la difficulté de l'exécution, se réduirait presque toujours à un ensemble de courbes se coupant confusément, on joint, à la projection horizontale d'un point quelconque, une cote indiquant la distance de ce point au plan horizontal.

Ce que l'on nomme plan coté.

On nomme *plan coté,* un dessin contenant la projection horizontale d'un système de points, et l'indication de la hauteur verticale de ces points au-dessus ou au-dessous du plan horizontal.

Pour distinguer les nombres qui indiquent des cotes de hauteur de ceux qui indiquent des distances horizontales, on écrit souvent les premiers entre parenthèses.

Afin de mieux figurer le relief du terrain sur le plan coté, on conçoit ce terrain coupé par une suite de plans horizontaux, équidistants entre eux, et l'on marque sur le plan coté, les projections de ces sections, auxquelles on donne le nom de *courbes de niveau.* Soient *aa'*, *bb'*, les différentes courbes ainsi obtenues (Pl. XV, fig. 7), accompagnées de leurs cotes. Ces plans étant supposés rapprochés, on admet que la partie de superficie comprise entre deux courbes voisines peut être engendrée par une droite qui, glissant à la fois sur les deux courbes, déterminerait ainsi une sorte de surface conique. On prend pour distance entre deux courbes de niveau, un nombre entier de mètres, de manière que toutes les cotes des courbes soient des nombres entiers; plus les courbes de niveau se rapprochent, plus la pente devient forte, et on peut facilement juger à l'œil de la forme du terrain.

Plan de comparaison.

Le plan choisi pour plan de projection porte le nom de *plan de comparaison.*

Dans le principe, les cotes ayant été employées à déterminer des reliefs sous-marins, le plan de comparaison était supposé au niveau de la mer, et se trouvait ainsi supérieur à tous les points déterminés. Mais il est ordinairement naturel de prendre le plan de comparaison au-dessous du plus bas de tous les points que l'on projette. Lorsque le plan de comparaison a été choisi inférieur à la plupart des points, si par exception quelques points du terrain se trouvent au-dessous de ce plan, leurs cotes sont regardées comme négatives, tandis que celles des points situés au-dessus du plan sont regardées comme positives. Les points les plus élevés sont alors ceux qui ont les cotes les plus grandes.

Représentation d'un point et d'une droite sur un plan coté.

Sur un plan coté, un point est représenté par sa projection et sa cote. La projection est indiquée par un point, et la cote par un nombre de mètres, écrit près de la projection.

De même, une droite quelconque sera définie par sa projection, jointe aux cotes de deux de ses points; et en effet, si l'on joint les deux projections, et qu'on imagine les deux cotes qui s'y appuient, ces trois lignes forment avec la droite un trapèze déterminé, qu'il suffira de rabattre autour de la projection pour avoir la longueur de la droite comprise entre les deux points. Lorsque la droite est horizontale, tous ses points ont même cote. Si la droite est verticale, sa projection se réduit à un point à côté duquel sont indiquées les cotes des deux points extrêmes.

Connaissant la cote d'un point situé sur une droite donnée, trouver la projection de ce point, et vice versâ.

Soient α et 6 les cotes des points projetés en a et b, et soit γ la cote du point inconnu (Pl. XV, fig. 8). En rabattant le trapèze $AabB$, si l désigne la longueur comme ab, et x la distance du point a à la projection cherchée c du point C, les deux triangles semblables CAD et BAE nous

donneront
$$\frac{CD}{BE} = \frac{AD}{AE}, \quad \text{ou} \quad \frac{\gamma - \alpha}{6 - \alpha} = \frac{x}{l},$$

d'où
$$x = \frac{\gamma - \alpha}{6 - \alpha} \, l.$$

La longueur de x détermine la position du point c, et le signe de x fait connaître le sens dans lequel il faut compter cette distance pour avoir ce point, si on convient de regarder la longueur x comme positive, quand elle est portée dans le même sens que l, et comme négative quand elle est portée en sens contraire.

Soit, par exemple

$$\alpha = 3^m,75, \quad 6 = 5^m,25, \quad \gamma = 2^m,45 \quad \text{et} \quad l = 30^m.$$

On aura .

$$x = \frac{2,45 - 3,75}{5,25 - 3,75}\, 30 = -\,\frac{160}{150}\, 30 = -\,\frac{16}{15}\, 30,$$

ou
$$x = -\,2^m \times 16 = -\,32^m,$$

c'est-à-dire que le point C se trouve du côté opposé à B, et qu'il est éloigné de 32 mètres du point projeté en a.

Il ne serait pas plus difficile de trouver la cote d'un point C appartenant à une droite donnée ab, connaissant la projection c de ce point; mais il vaut mieux, pour résoudre ce problème, construire d'abord l'*échelle de pente de la droite*. Supposons, à cet effet, que nous prenions une cote différant d'une unité de la cote Aa au moyen de la formule

$$x = \frac{\gamma - \alpha}{\delta - \alpha}\, l,$$

en faisant $\gamma = \alpha + 1$; nous obtiendrons pour x la distance qui sépare les projections de deux points dont les cotes diffèrent de 1 mètre; si à partir du point a nous prenons deux fois, trois fois, cette distance, nous aurons les projections de points successifs dont les cotes varient par mètres; divisant ces mêmes distances en 10, 100 parties égales, nous aurons les projections de points dont les cotes varient par décimètres, centimètres, etc., et la ligne ab ainsi divisée forme ce qu'on appelle l'échelle de pente de la droite. Si on voulait la projection d'un point dont la cote serait $9^m,75$, la cote de a étant $3^m,75$, on comptera dans le sens ab, sur l'échelle de pente, un nombre de divisions exprimé par $9,75 - 3,75 = 6$ mètres, et le point ainsi déterminé a la cote donnée.

Trouver l'inclinaison d'un chemin tracé sur un plan coté.

On appelle *inclinaison* d'une droite l'angle aigu que fait cette droite avec sa projection sur un plan horizontal. On détermine ordinairement cet angle par sa tangente trigonométrique, et cette tangente est appelée la *pente* de la droite. D'après cette définition, la pente de la droite AB (Pl. XV, fig. 8) est égale à $\frac{BE}{AE}$, ou à $\frac{6-\alpha}{l}$, en appelant l la distance horizontale de deux points de la droite, dont les cotes sont α et 6.

Supposons donc qu'un chemin étant tracé en projection sur un plan coté, nous voulions déterminer son inclinaison dans quelqu'une de ses parties. Soit (Pl. XV, fig. 7) *abc* un chemin tracé sur un plan coté. Pour déterminer la pente de ce chemin entre deux courbes de niveau consécutives, par exemple celles qui sont cotées 14 et 13, on suppose ces courbes assez rapprochées l'une de l'autre pour qu'on puisse regarder, sans erreur sensible, comme une ligne droite, la portion *ab* du chemin qu'elles comprennent entre elles. Si la distance comprise entre les projections horizontales de ces points est égale à 59 mètres, la pente du chemin sera $\frac{1}{59}$.

Manière de représenter les plans.

Lorsque le plan est limité, et que ses contours sont donnés, les projections et les cotes de trois sommets déterminent entièrement ce plan. On emploie aussi les sections de niveau, qui sont ici des droites parallèles à la trace horizontale du plan.

Outre l'avantage de montrer aux yeux d'une manière très expressive la position du plan, ces parallèles permettent encore de trouver immédiatement la pente d'une droite située dans le plan, quand on connaît la projection de cette droite.

Ce qu'on nomme ligne de plus grande pente d'un plan.

Si, d'un point A pris sur un plan MNP, *on mène la perpendiculaire* AB (Pl. XV, fig. 10), *sur la trace horizontale* MN *de ce plan, la pente de cette perpendiculaire est plus grande que celle de toute oblique* AC.

Joignons le point B avec la projection horizontale a du point A; Ba sera la projection de AB. La pente de AB est $\dfrac{Aa}{Ba}$, la pente de AC est $\dfrac{Aa}{Ca}$; or, en vertu du théorème des trois perpendiculaires, Ba est perpendiculaire à MN, et par suite moindre que Ca; donc le rapport $\dfrac{Aa}{Ba}$, pente de AB, est plus grand que $\dfrac{Aa}{Ca}$, pente de AC.

On nomme *ligne de plus grande pente* d'un plan, ou simplement ligne de pente, toute droite perpendiculaire à la trace horizontale de ce plan. Cette ligne se projette horizontalement suivant une perpendiculaire aux projections des horizontales.

Échelle de pente.

Si on inscrit les cotes des points où la projection de la ligne de plus grande pente rencontre deux horizontales, dont les cotes sont données, elle devient après sa graduation l'*échelle de pente du plan,* et s'indique par un double

trait. Un plan se représente en général par la projection de
la ligne de plus grande pente.

Comment on trouve l'échelle de pente d'un plan assujetti à passer par trois points donnés par leur projection et leur cote.

Soient $(3^m,4)$, $(4^m,8)$, $(5^m,9)$, les cotes des trois
points projetés en a, b, c. Joignons ab, et après avoir
formé l'échelle de pente de cette ligne (Pl. XV, fig. 9),
déterminons celui de ces points qui a pour cote $5^m,9$. En
tirant une ligne cd par ces deux points à la même cote, on
aura la projection d'une horizontale du plan. Je mène une
perpendiculaire quelconque mn à cd, c'est la projection de la
ligne de plus grande pente du plan; cette ligne coupe cd
en un point e dont la cote est la même que celle du point c;
elle coupe aussi la projection de l'horizontale menée par
le point b en un point f, dont la cote est la même que celle
du point b, et je construis ensuite l'échelle de pente de la
droite projetée en mn, dont je connais les projections et les
cotes des deux points e et f.

Tracer sur un plan coté, un chemin, une rigole d'irrigation.

Pour tracer un chemin, on commence par fixer les points
principaux qu'il doit traverser. Si nous supposons que les
courbes de niveau soient suffisamment multipliées, nous
pourrons admettre qu'entre deux courbes consécutives
la surface du sol soit composée d'éléments sensiblement
plans, et nous aurons alors à nous proposer de tracer, à
partir d'un point donné, un chemin d'une inclinaison connue
et assujetti à circuler sur une suite de plans contigus.

Soient (Pl. XV, fig. 11) mn l'échelle de pente d'un plan, et a la projection d'un point situé dans ce plan. Proposons-nous de tracer la projection d'une droite passant par le point A dans le plan donné, et dont la pente soit $\frac{1}{\varphi}$. Si l'on appelle d la distance horizontale de deux points de la droite demandée, tels que la différence de leurs cotes soit 1^m, on sait que l'on a $d = \varphi$. Par la projection a, menons ab parallèle à mn, prenons ab égale à la distance de deux points de mn, dont la différence des cotes soit 1^m, et menons bc perpendiculaire à mn, ce sera la projection de celle des horizontales du plan, dont la cote diffère d'un mètre de celle du point A. Soit c le point où la projection inconnue doit rencontrer bc. Dans le triangle abc, rectangle en b, nous connaissons le côté ab; il nous suffit donc, pour construire le triangle, de connaître son hypoténuse ac. Or cette hypoténuse doit être d. Du point a comme centre, et d'un rayon égal à d, décrivons un arc de cercle qui coupera la projection de l'horizontale en c.

Pour que le problème soit possible, il faut que la longueur d soit supérieure ou égale à l'une des divisions de l'échelle du plan; quand la longueur d est égale à l'une des divisions de l'échelle du plan, il n'y a qu'une solution, c'est la ligne de plus grande pente menée par le point a.

Cela posé, supposons qu'on veuille, à partir du point a, tracer un chemin dont la pente soit $\frac{1}{\varphi}$, comme les courbes de niveau sont horizontales et données par leurs cotes (Pl. XV, fig. 7), si nous prenons la cote de celle qui est immédiatement inférieure au point a, nous aurons à décrire un arc d'un rayon égal à φ; cet arc coupera, par exemple, la courbe au point b; la ligne ab aura l'inclinaison voulue; du point b comme centre, avec la même ouverture de compas, décrivons un arc de cercle qui coupe la courbe 12 au point c et ainsi de suite; joignons ces points par un trait continu, nous aurons la ligne demandée. On arrondit ensuite les angles du polygone par des arcs de cercle ou de parabole, parce que c'est ainsi que se tracent les chemins sur le terrain.

Lorsqu'il n'y aura pas d'intersection, c'est que la pente donnée sera trop considérable, puisqu'alors φ serait trop petit.

Il est à remarquer que la question admet, en général, un très grand nombre de solutions, car il y a généralement deux chemins pour aller d'un point d'une courbe de niveau à la courbe suivante, selon une pente déterminée. C'est à l'ingénieur à décider de quel côté il faut aller, et de choisir entre les divers tracés qui se présentent, celui qui a le plus d'avantages ou qui exige le moins de dépenses.

On trace sur un plan coté une rigole d'irrigation, comme un chemin. Quand on laisse les eaux couler naturellement, elles suivent une ligne de plus grande pente, c'est-à-dire une ligne normale à toutes les courbes de niveau.

NOTIONS SUR LA REPRÉSENTATION GÉOMÉTRIQUE DES CORPS A L'AIDE DES PROJECTIONS.

Insuffisance du dessin ordinaire.

Le dessin ordinaire, ne pouvant que reproduire l'apparence d'un corps par l'imitation, ou en représenter les points situés dans un même plan, est insuffisant pour nous faire connaître les détails d'un objet, ainsi que ses dimensions relatives exactes.

Méthode géométrique exacte, expliquée au moyen d'un objet réel, tel qu'une pyramide, un cube, etc.

Afin de donner une idée de la méthode exacte par laquelle les géomètres peuvent dessiner un objet quelconque, de manière à en faire connaître la forme, les vraies dimensions, et la disposition relative de toutes les parties; supposons que l'on considère une pyramide SABCDE (Pl. XIII, fig. 13), et que, abaissant de chacun des sommets des perpendiculaires sur un plan MN, on mesure les longueurs de ces diverses perpendiculaires Ss, Aa, Bb,...., qu'en même temps on trace sur le plan le polygone $abcde$, formé en joignant les pieds des perpendiculaires abaissées de chaque sommet

75

de la base, et qu'on joigne ces mêmes pieds au point *s*, un ouvrier pourra, à l'aide de ce dessin, et des longueurs des perpendiculaires mesurées, construire les différentes parties de l'objet, les assembler dans un ordre convenable, et, par suite, reproduire l'objet lui-même. En effet, les droites *ab*, A*a*, B*b*, déterminent le trapèze rectangle A*ab*B, et par conséquent la droite AB ; toutes les autres arêtes de la pyramide sont pareillement déterminées, ainsi que leurs positions dans l'espace, et par suite, les angles qu'elles forment entr'elles.

Si, au lieu d'une pyramide, nous considérons un cube ABCDEFGH, on pourra le représenter exactement avec la même facilité, puisqu'en abaissant de chacun des sommets des perpendiculaires sur un plan (Pl. XIII, fig. 14), et mesurant les longueurs de ces perpendiculaires A*a*, B*b*, C*c*,...., on aura le moyen de déterminer de position chacun des côtés du cube, au moyen de trapèzes rectangles, tel que A*ab*B.

<h3 align="center">Projection d'un point sur un plan.</h3>

On appelle *projection* d'un point sur un plan le pied de la perpendiculaire menée du point au plan en question ; la perpendiculaire prend le nom de *ligne projetante*, et le plan celui de *plan de projection*. D'après ce que nous venons de dire, c'est par leurs projections sur un plan que l'on représente les différents points d'un même corps.

Cependant, la position d'un point dans l'espace n'étant pas déterminée quand on connaît seulement sa projection sur un plan, puisque si on élève par cette projection une perpendiculaire au plan, tous les points de cette perpendiculaire auront la même projection ; il faut, non seulement chercher la projection de chaque point, mais encore la longueur de chaque ligne projetante.

Plans de projection.

On parviendra au même but en prenant, au lieu d'un seul plan de projection, deux plans de projection qui se coupent. D'après l'usage adopté par tous les géomètres, ces deux plans sont perpendiculaires entre eux, et l'un est horizontal, l'autre vertical; leur intersection est appelée *ligne de terre*. Le corps que l'on veut représenter est supposé placé tout entier dans l'angle dièdre que forme la partie antérieure du plan horizontal, avec la partie supérieure du plan vertical, c'est-à-dire au-devant du second, et au-dessus du premier. De plus, si quelqu'une des faces du corps est plane, on dispose le corps de manière que cette face coïncide avec le plan horizontal.

On distingue les projections faites sur le plan horizontal, de celles qui sont faites sur le plan vertical, en appelant les premières *projections horizontales*, et les autres *projections verticales* (Pl. XIII, fig. 15).

Ainsi, LTH étant le plan horizontal et LTV le plan vertical, LT est la ligne de terre, et A représentant un point, A*a* et A*a′* étant perpendiculaires, l'une au plan horizontal, l'autre au plan vertical, *a* est la projection horizontale du point A, et *a′* la projection verticale.

Pour que les projections horizontales et verticales soient représentées sur un même plan, on suppose que le plan vertical tourne autour de la ligne de terre pour se rabattre sur le prolongement du plan horizontal, en entraînant avec lui toutes les projections verticales des différents points. La feuille de papier sur laquelle on représente ainsi à la fois les projections horizontales et les projections verticales des mêmes points porte le nom d'*épure*. Quand on exécute une épure, on trace au milieu de la feuille une droite destinée à figurer la ligne de terre, et la moitié la plus rapprochée représente le plan horizontal, pendant que l'autre figure le plan vertical. Nous désignerons toujours la projection horizontale d'un point par une petite lettre telle que a, la projection verticale du même point par la même petite lettre accentuée a', et quand nous voudrons parler du point de l'espace ainsi représenté, nous nous servirons de la même lettre majuscule A, ou bien nous dirons, le point a, a', pour le point dont les deux projections sont a et a'.

La position d'un point dans l'espace est déterminée, quand on connaît ses projections sur deux plans perpendiculaires entr'eux.

Supposons que l'on connaisse (Pl. XIII, fig. 15) les projections a et a' d'un point, sur deux plans LTH et LTV, perpendiculaires entr'eux. Si par le point a on élève une perpendiculaire au plan LTH, et par le point a' une perpendiculaire au plan LTV, le point A devra se tourner sur chacune d'elles, et sera par conséquent déterminé par leur intersection.

Les deux perpendiculaires Aa et Aa' déterminent un plan perpendiculaire à la fois aux deux plans de projection, et par conséquent perpendiculaire à leur intersection, en un certain point B; réciproquement, la ligne de terre est perpendiculaire au point B sur le plan aAa', et par conséquent perpendiculaire aux deux droites Ba et Ba', qui passent par son pied dans ce plan. On conclut de là que *les perpendiculaires menées sur la ligne de terre, des deux projections d'un même point de l'espace, rencontrent cette ligne de terre au même point.*

Réciproquement, *si un point du plan horizontal et un point du plan vertical sont tels que les perpendiculaires menées de ces deux points sur la ligne de terre la rencontrent en un même point, ces deux points sont les projections d'un même point de l'espace.*

Soient en effet Ba et Ba' deux droites perpendiculaires à la ligne de terre en un même point B, l'une dans le plan horizontal, et l'autre dans le plan vertical. Ces deux perpendiculaires déterminent un plan aBa' perpendiculaire à la ligne de terre, et par conséquent perpendiculaire à chacun des deux plans de projection. Il en résulte que si, d'un point quelconque a appartenant à la droite Ba, on mène une perpendiculaire au plan horizontal, cette perpendiculaire Aa sera tout entière dans le plan aBa', et que si d'un autre point a' appartenant à la droite Ba', on mène une perpendiculaire au plan vertical, cette perpendiculaire a'A sera aussi tout entière dans le plan aBa'. Les deux droites aA et a'A, situées l'une et l'autre dans le plan aBa', et perpendiculaires aux droites aB et a'B qui se coupent dans ce plan, doivent elles-mêmes se couper en un certain point A, dont les deux projections sont a et a'.

-La condition nécessaire et suffisante, pour que deux points appartenant, l'un au plan horizontal, et l'autre au plan vertical, soient les projections d'un même point de l'espace, consiste donc en ce que *les deux perpendiculaires menées de ces points sur la ligne de terre, la rencontrent en un même point.*

Quand on rabat le plan vertical sur le prolongement du plan horizontal, en le faisant tourner autour de la ligne de terre, la droite Ba' reste constamment perpendiculaire à la ligne de terre, et par conséquent se rabat sur le prolongement de Ba, de sorte que, dans une épure, les deux projections d'un même point de l'espace se trouvent sur une même perpendiculaire à la ligne de terre.

Si un point appartient au plan horizontal, il se confond avec sa projection horizontale, et sa projection verticale est le pied de la perpendiculaire menée de ce point sur la ligne de terre; de même, tout point du plan vertical se confond avec sa projection verticale, et a pour projection horizontale le pied de la perpendiculaire menée de ce point sur la ligne de terre. Enfin, un point appartenant à la ligne de terre se confond avec ses deux projections.

On doit remarquer que, dans une épure, *un point déterminé par ses deux projections est à une distance du plan horizontal marquée par la distance de sa projection verticale à la ligne de terre*. En effet, l'angle dièdre LT étant droit, l'angle plan correspondant aBa' est aussi droit, et le quadrilatère AaBa' ayant trois angles droits, est un rectangle ; par conséquent, les deux côtés Aa et a'B sont égaux. Les deux côtés Aa' et aB étant aussi égaux, on en conclut que *la distance d'un point au plan vertical est égale à la distance de sa projection horizontale à la ligne de terre*.

Projections d'une droite.

La *projection d'une droite sur un plan* est l'ensemble des projections des différents points de cette droite sur ce plan.

Si la droite est perpendiculaire au plan de projection, tous les points de cette droite ont pour projection le pied de cette perpendiculaire, de sorte que la projection de cette droite est alors un point.

Si la droite n'est pas perpendiculaire au plan de projection (pl. XIII, fig. 16), une perpendiculaire Aa, menée d'un point quelconque de cette droite sur le plan, est distincte de la droite que l'on projette ; alors les deux droites Aa et AB déterminent un plan qui coupe le plan de projection suivant ab, et est perpendiculaire à ce plan. Alors une perpendiculaire Bb, menée d'un point quelconque de la droite AB sur le plan de projection, est tout entière dans le plan BAa, et a par conséquent son pied sur la droite ab, qui est la projection de AB. Donc la projection de cette droite est alors une droite.

Le plan qui contient une droite et sa projection est appelé *plan projetant* de la droite.

Si la droite AB est parallèle au plan de projection, les deux points A et B doivent être également distants de ce plan, et par conséquent la figure AB*ba* est un rectangle, de sorte que la projection est une parallèle à la droite projetée. Mais si AB n'est pas parallèle au plan de projection, les deux points A et B sont inégalement distants de ce plan, et la projection n'est pas parallèle à la droite projetée.

Quand la droite projetée est perpendiculaire au plan de projection, sa projection sur ce plan suffit pour la déterminer, puisqu'en un point d'un plan on ne peut mener qu'une seule perpendiculaire à ce plan. Mais quand la droite projetée est parallèle ou oblique au plan de projection, le plan que déterminent la projection de cette droite et une perpendiculaire menée au plan de projection, par un point de cette projection, est le plan projetant de cette droite, et comme toutes les droites tracées dans ce plan projetant auront la même projection, il en résulte qu'une droite n'est pas déterminée par sa projection sur un plan, à moins que cette projection ne se réduise à un point.

Aussi, quand on veut représenter une droite dans une épure, on a soin de tracer ses projections sur le plan horizontal et sur le plan vertical. Ces deux projections se distinguent comme celles d'un point, c'est-à-dire que la première est appelée *projection horizontale*, et la seconde, *projection verticale*.

Une droite est déterminée par ses projections.

Une droite peut occuper cinq positions différentes par rapport aux deux plans de projection, considérés à la fois : 1° elle peut être perpendiculaire à l'un des plans de projection ; 2° elle peut être parallèle à la ligne de terre ; 3° elle peut être parallèle à l'un des plans de projection, et oblique à l'autre ; 4° elle peut rencontrer les deux plans de projection.

1° Si la droite est perpendiculaire, par exemple, au plan horizontal, sa projection horizontale est un point, et comme elle est alors parallèle au plan vertical, sa projection verticale est une parallèle à la droite projetée ; cette projection est donc perpendiculaire au plan horizontal, et par conséquent perpendiculaire à la ligne de la terre. Si la droite était perpendiculaire au plan vertical, la projection verticale serait un point, et sa projection horizontale une perpendiculaire à la ligne de terre. La droite est alors déterminée par ses projections, puisqu'une seule suffit pour la déterminer.

2° Si la droite est parallèle à la ligne de terre, et par conséquent parallèle aux deux plans de projection, ses deux projections doivent lui être parallèles, et sont alors parallèles l'une à l'autre à la ligne de terre (Pl. XIII, fig. 17). Soient ab et $a'b'$, ses deux projections. Si par ab on mène un plan perpendiculaire au plan horizontal, et que suivant $a'b'$ on mène un plan perpendiculaire au plan vertical, le premier passant par deux droites parallèles au plan vertical, est lui-même parallèle à ce plan, et le second doit être parallèle au plan horizontal. Les deux plans parallèles aux plans de projection qui se coupent, doivent eux-mêmes se couper suivant une droite AB, qui se trouve par conséquent déterminée par ses projections.

3° Si la droite est parallèle, par exemple, au plan horizontal (Pl. XIII, fig. 18), sa projection horizontale ab est une droite parallèle à la droite projetée AB, et comme les lignes Aa' et Bb', menées perpendiculairement au plan vertical, sont parallèles au plan horizontal, le plan qui projette verticalement la droite AB est parallèle au plan horizontal, et coupe le plan vertical suivant une parallèle à la ligne de terre; cette parallèle à la ligne de terre sera la projection verticale $a'b'$ de la droite AB. Si la droite était parallèle au plan vertical, sa projection verticale serait une parallèle à cette droite, et sa projection horizontale une parallèle à la ligne de terre. Dans le premier cas, le plan qui projette verticalement la droite étant parallèle à la ligne de terre, tandis que celui qui la projette horizontalement ne l'est pas, ces deux plans projetants se coupent nécessairement, et il en résulte qu'une droite parallèle à l'un des plans de projection est déterminée par ses projections.

4° Si la droite AB rencontre les deux plans de projection (Pl. XIII, fig. 19), l'un au point A et l'autre au point B, le point A est à lui-même sa projection verticale, et le point B se projette en b' sur la ligne de terre, de sorte que la projection verticale de la droite est Ab'. De même, la projection horizontale du point A se trouve en a sur la ligne de terre, et la droite AB se projette horizontalement suivant aB. Les deux projections Ab' et Ba seront obliques à la ligne de terre, si les deux points a et b' sont différents l'un de l'autre; alors un plan mené suivant Ab', perpendiculairement au plan vertical, coupe le plan horizontal suivant b'B perpendiculaire à la ligne de terre, et un plan mené suivant Ba, perpendiculairement au plan horizontal, coupe le plan vertical suivant aA perpendiculaire à la ligne de terre. Les deux droites Ba et b'B situées dans un même plan, l'une perpendiculaire et l'autre oblique à la ligne de terre, se rencontrent nécessairement en un point B, qui doit appartenir à l'intersection des deux plans projetants, et par conséquent à la droite projetée, et les deux droites Aa et Ab' se rencontrent pour la même raison en un autre point qui appartient encore à cette droite, laquelle est alors déterminée par ses projections. Les deux projections seraient perpendiculaires à la ligne de terre, si le point b' était confondu avec a; alors les deux plans projetants se confondraient en un seul, et la droite ne serait plus déterminée par ses projections.

Il résulte de là que les deux projections d'une droite peuvent être : 1° l'une un point et l'autre une droite perpendiculaire à la ligne de terre, perpendiculaire dont le prolongement passe par le point ; 2° deux parallèles à la ligne de terre; 3° l'une parallèle et l'autre oblique à la ligne de terre; 4° deux obliques à la ligne de terre, qui la rencontrent en deux points différents ; 5° deux perpendiculaires à la ligne de terre, qui la rencontrent en un même point.

Mais les deux projections d'une droite ne peuvent jamais être : 1° deux points; 2° l'une un point, et l'autre une parallèle ou une oblique à la ligne de terre; 3° l'une un point et l'autre une perpendiculaire à la ligne de terre, perpendiculaire dont le prolongement ne passerait pas par le point; 4° l'une perpendiculaire, et l'autre 'parallèle ou oblique à la ligne de terre; 5° deux obliques à la ligne de terre la rencontrant en un même point; 6° deux perpendiculaires à la ligne de terre la rencontrant en des points différents.

On voit aussi qu'une droite est déterminée par ses projections, excepté quand ces deux projections sont perpendiculaires en un même point de la ligne de terre.

Enfin, il est évident qu'une droite qui serait située dans l'un des plans de projection doit être à elle-même sa projection sur ce plan, et que sa projection sur l'autre plan est confondue avec la ligne de terre.

Traces d'une droite.

La *trace horizontale* d'une droite est le point de rencontre de cette droite avec le plan horizontal, et la *trace verticale* d'une droite est le point où cette droite rencontre le plan vertical.

1° Si l'une des projections de la droite est un point, et l'autre une perpendiculaire à la ligne de terre, la droite n'a qu'une seule trace, qui est le point auquel se réduit la première projection.

2° Si les deux projections sont parallèles à la ligne de terre, c'est que la droite est parallèle aux deux plans de projection, et alors elle n'a ni trace horizontale, ni trace verticale.

3° Si l'une des projections est parallèle, et l'autre oblique à la ligne de terre, c'est que la droite est parallèle à l'un des plans de projection et oblique à l'autre, et alors elle n'a qu'une seule trace. Par exemple, soient ab et $a'b'$ (Pl. XIII, fig. 20) les deux projections d'une droite, et supposons ab parallèle à la ligne de terre. Alors la droite AB ne rencontre point le plan vertical, mais elle rencontre le plan horizontal en un point qui doit se trouver projeté verticalement sur la ligne de terre, et comme la projection verticale du même point doit appartenir à $a'b'$, cette projection est a', rencontre de $a'b'$ avec la ligne de terre. La trace horizontale de cette droite étant projetée verticalement en a', comme les deux projections d'un même point doivent se trouver sur une même perpendiculaire à la ligne de terre, la projection horizontale de cette trace s'obtiendra en menant par le point a' une perpendiculaire à la ligne de terre, jusqu'à la rencontre de ab au point a, et comme la trace horizontale doit se confondre avec sa projection horizontale, le point a est donc la trace horizontale.

4° Si les deux projections sont obliques à la ligne de terre, en des points différents, c'est que la droite rencontre les deux plans de projection, et alors elle a deux traces. Par exemple, les deux projections étant ab et $a'b'$, on démontrerait, comme dans le cas précédent, que le point a' (Pl. XIV, fig. 1), où la projection verticale rencontre la ligne de terre, est la projection verticale de la trace horizontale, et que par conséquent cette trace s'obtiendra en menant par le point a' une perpendiculaire à la ligne de terre, jusqu'à la rencontre de la projection horizontale au point *a*. De même, on obtiendra la trace verticale, en menant par le point *b*, où la projection horizontale rencontre la ligne de terre, une perpendiculaire à la ligne de terre, jusqu'à la rencontre de la projection verticale au point *b'*.

5° Si les deux projections sont perpendiculaires à la ligne de terre en un même point *c* (Pl. XIV, fig. 2), la droite n'est pas déterminée. Mais on pourra la déterminer en indiquant les projections *a* et *a'* d'un point, et les projections *b* et *b'* d'un autre point, puisque deux points déterminent toujours une droite. Le plan projetant de cette droite coupe le plan horizontal suivant *ac*, et le plan vertical suivant *b'c*. Concevons que l'on fasse tourner ce plan projetant autour de *ac*, de manière à le rabattre sur le plan horizontal. Dans ce mouvement, la droite *b'c* ne cessera pas d'être perpendiculaire à *ca*, et se rabattra par conséquent sur la ligne de terre, et les points *a'* et *b'* décrivant des arcs de cercle dont le point *c* sera le centre, se transporteront en *a"* et en *b"*. La droite qui projette horizontalement le point A se rabattra suivant une perpendiculaire menée à *ac* par le point *a*, et celle qui projette verticalement le même point se rabattra suivant une perpendiculaire menée à la ligne de terre par le point *a"*, en sorte que le point A se trouvera rabattu au point d'intersection de ces deux perpendiculaires, et on déterminera de la même manière le rabattement du point B ; on connaîtra donc le rabattement de cette droite en joignant les deux points A et B par une ligne qui rencontre *ca* au point D, et la ligne de terre au point *c"*. Le point D est la trace horizontale de la droite, qui, pendant le rabattement, a toujours rencontré sa projection horizontale au même point, et le point *c"* est le rabattement de la trace verticale, laquelle a dû décrire un arc de cercle ayant le point *c* pour centre. On trouvera donc cette trace verticale en décrivant l'arc *c"*E du point *c* comme centre, jusqu'à la rencontre de la projection verticale au point *c'*.

Quand une droite est parallèle à l'un des plans de projection, et que l'on connaît sa trace sur l'autre, cette droite n'est pas déterminée, à moins qu'elle ne soit perpendiculaire au second plan de projection : alors sa projection sur le premier plan se réduit à sa trace, et sa projection sur le second plan s'obtient en menant de cette trace une perpendiculaire à la ligne de terre.

Une droite qui rencontre les deux plans de projection est déterminée par ses traces, et la connaissance de ses deux traces permet de trouver les deux projections.

Soient (Pl. XIV, fig. 4) a et b' les traces d'une droite. Le point a est à lui-même sa projection horizontale, et sa projection verticale s'obtient en menant aa' perpendiculaire à la ligne de terre ; le point b' est à lui-même sa projection verticale, et sa projection horizontale s'obtient en menant $b'b$ perpendiculaire à la ligne de terre. La projection verticale de la droite sera donc déterminée par les deux points a' et b', et la projection horizontale, par les deux points a et b.

Si les deux traces données, D et c', étaient sur une même perpendiculaire à la ligne de terre, les deux projections de la droite s'obtiendraient en menant cette perpendiculaire. (Pl. XIV, fig. 10.)

Vraie longueur de la droite qui joint deux points.

Supposons que l'on veuille trouver la vraie longueur de la droite qui joint les deux points (a, a') et (b, b'). (Pl. XIV, fig. 3).

Cette longueur est mesurée dans l'espace par la portion de droite projetée sur ab et $a'b'$; mais il est facile de voir qu'une droite finie est toujours plus longue que sa projection sur un plan, excepté quand la première se trouve parallèle au plan sur laquelle on la projette, car *alors la droite dans l'espace est évidemment de même longueur que sa projection.* D'après cette remarque, imaginons que la ligne $(ab, a'b')$ tourne autour de la verticale projetée en a, sans changer d'inclinaison avec cette dernière; par là l'extrémité (a, a') demeurera immobile, tandis que l'autre extrémité (b, b') restera à une hauteur constante, en décrivant seulement un arc de cercle autour de l'axe de rotation. Or, si l'on continue ce mouvement jusqu'à ce que la droite mobile soit devenue parallèle au plan vertical, ce qui arrivera quand la projection ab aura pris la situation ac parallèle à la ligne de terre, alors l'extrémité b venue en c, se trouvera projetée verticalement quelque part sur cc' perpendiculaire à la ligne de terre, et comme elle doit être à la même hauteur que b', si l'on mène l'horizontale $b'c'$, le point c' sera la projection verticale de l'extrémité mobile de la droite en question. D'ailleurs, puisque l'autre extrémité (a, a') est demeurée invariable, il s'ensuit que la droite $(ab, a'b')$ se trouve actuellement projetée suivant ac, $a'c'$, et sa projection verticale $a'c'$ est précisément sa véritable longueur; de là on conclut la règle suivante qu'il faut se rendre très familière.

Pour trouver la distance de deux points (a, a') *et* (b, b'), *former un triangle rectangle* a'd'c', *dont un côté* a'd' *soit la différence des hauteurs* a'e, *et* b'f *de ces deux points au-dessus du plan horizontal, et dont l'autre côté* c'd' *soit égal à l'intervalle* ab *des deux projections horizontales; l'hypoténuse* a'c' *sera la distance demandée.*

On arriverait au même but en construisant, sur le plan horizontal, un triangle rectangle agh dont un côté égalerait la différence des distances ac et bf des deux points donnés au plan vertical, et dont l'autre côté gh serait l'intervalle $a'b'$ des deux projections verticales; l'hypoténuse ah exprimerait encore la distance des deux points dans l'espace, et devrait se trouver identique avec $a'c'$. Pour se rendre compte de cette nouvelle construction, il suffira d'imaginer que la droite proposée a tourné autour de l'horizontale qui est projetée verticalement en a', sans changer d'inclinaison par rapport à cette dernière, jusqu'à ce que cette droite mobile soit devenue parallèle au plan horizontal.

On aurait pu aussi *rabattre* la droite $(ab, a'b')$ sur le plan horizontal, en faisant tourner, autour de ab comme charnière, le trapèze invariable formé par la droite proposée et par les verticales qui en projettent les extrémités en a et b. Par là, ces deux verticales seraient demeurées perpendiculaires à la charnière ab, et auraient pris les positions $aa'' = ca'$, $bb'' = fb'$; de sorte qu'en traçant la droite $a''b''$, on aurait encore obtenu la véritable longueur de la droite qui joint les deux points a et b dans l'espace.

Angles formés par une droite avec les plans de projection.

L'angle formé par une ligne droite avec un plan ayant pour mesure l'angle que cette ligne fait avec sa projection sur le plan, on trouvera les angles d'une droite avec les plans de projection en cherchant ceux qu'elle forme avec ses deux projections.

1° Si l'une des projections est un point, la droite fait un angle droit avec le plan sur lequel elle se projette ainsi, et elle est parallèle à l'autre plan de projection.

2° Lorsque les deux projections sont parallèles à la ligne de terre, la droite est parallèle aux deux plans de projection.

3° Lorsque l'une des projections, par exemple la projection horizontale ab (Pl. XIII, fig. 20), est parallèle à la ligne de terre, et l'autre, $a'b'$, oblique à cette ligne, la droite AB est parallèle au plan vertical et rencontre le plan horizontal. L'angle qu'elle fait avec ce dernier plan, c'est-à-dire avec sa projection horizontale ab, est égal à celui que sa projection verticale $a'b'$ fait avec la ligne de terre; car ces deux angles ont leurs côtés parallèles et dirigés dans le même sens.

4° Je suppose les deux projections ab, $a'b'$ obliques à la ligne de terre en des points différents; la droite qu'elles déterminent dans l'espace rencontre les deux plans de projection (Pl. XIV, fig. 1). Je commence par chercher ses traces. Soient a la trace horizontale, et b' la trace verticale. L'angle formé par la droite donnée qui joint le point a au point b', et par sa projection ab, est l'un des angles aigus d'un triangle rectangle ayant pour troisième côté la droite bb'. Je construis ce triangle en prenant sur la ligne de terre, à partir du point b, une longueur ba'' égale à ba, et traçant ensuite la droite $a''b'$. Dans le triangle rectangle $bb'a''$ ainsi formé, l'angle $ba''b'$ opposé au côté bb', est évidemment égal à celui que la droite donnée forme avec sa projection horizontale ab.

Pareillement, pour avoir l'angle que la même droite fait avec sa projection verticale $a'b'$, je construis sur le plan horizontal un triangle rectangle $aa'b''$, dont les côtés de l'angle droit soient égaux aux lignes aa' et $a'b'$, et l'angle $a'b''a$ opposé au côté aa' est l'angle cherché.

5° Si les projections ab, $a'b'$ sont perpendiculaires à la ligne de terre en un même point c, je considère la droite déterminée par les deux points A et B dont les projections sont (a, a') et (b, b'). Pour avoir les angles que cette ligne fait avec les plans de projection, je rabats sur le plan horizontal le plan qui la projette, en le faisant tourner autour de la droite ac comme axe. Je construis ensuite, d'après la méthode exposée précédemment, la position que prend la droite (Pl. XIV, fig. 2) dans le plan horizontal. Les angles cDc'' et $cc''D$ que la ligne fait avec CD et avec la ligne de terre, sont évidemment égaux à ceux que la droite donnée forme avec ses projections.

Représentation d'un plan par ses traces.

Pour déterminer la position d'un plan, on donne, en général, les droites suivant lesquelles il rencontre les deux plans de projection. Ces droites sont appelées les *traces* du plan; la trace *horizontale* est située sur le plan horizontal de projection, et la trace *verticale* sur le plan vertical.

Un plan peut avoir, par rapport aux plans de projection, quatre positions différentes : 1° il peut passer par la ligne de terre; 2° il peut être parallèle à la ligne de terre, en rencontrant les deux plans de projection; 3° il peut être parallèle à l'un des plans de projection; 4° il peut couper la ligne de terre.

1° S'il passe par la ligne de terre, ses traces coïncident avec cette ligne, et le plan n'est pas déterminé par ses traces.

2° S'il est parallèle à la ligne de terre, ses traces sont évidemment parallèles à cette ligne, et le plan est déterminé par ses traces, puisqu'on ne peut faire passer qu'un plan par deux droites parallèles.

3° S'il est parallèle, par exemple, au plan vertical de projection, il est évident qu'il n'a pas de trace verticale. Quant à sa trace horizontale, elle est parallèle à la ligne de terre, car cette trace et la ligne de terre sont les intersections de deux plans parallèles par le plan horizontal de projection, et le plan est déterminé par cette trace, puisque par un point, et *à fortiori* par une droite, on ne peut mener qu'un plan parallèle à un plan donné.

4° Si le plan coupe la ligne de terre, ses traces passent par le point d'intersection qui est commun au plan donné et à chacun des plans de projection; elles concourent donc au même point de la ligne de terre, et le plan est déterminé par ses traces, puisqu'on ne peut faire passer qu'un plan par deux droites concourantes. Si ce plan est perpendiculaire au plan horizontal, sa trace verticale est l'intersection de deux plans perpendiculaires au plan horizontal; donc, elle est aussi perpendiculaire au plan horizontal, et par suite à la ligne de terre. On démontrerait de même que si le plan est perpendiculaire au plan vertical, sa trace horizontale est perpendiculaire à la ligne de terre. Par conséquent, les traces d'un plan perpendiculaire aux deux plans de projection sont perpendiculaires à la ligne de terre.

Rabattement sur l'un des plans de projection, d'un point, d'une droite, situés dans un plan donné.

Soient $a'b$ et bc (Pl. XIV, fig. 4) les traces d'un plan donné, et d la projection horizontale d'un point situé dans ce plan. Si par le point D nous concevons une droite parallèle à la trace horizontale du plan $a'bc$, cette droite sera tout entière dans ce plan, et elle se projettera horizontalement suivant une parallèle à elle-même, et verticalement suivant une parallèle à la ligne de terre. Nous aurons donc la projection horizontale en menant dc parallèle à bc, et le point e, où cette projection rencontre la ligne de terre, étant la projection horizontale de la trace verticale de cette droite, si on mène ec' perpendiculaire à la ligne de terre, cette perpendiculaire doit passer par la trace verticale de cette droite, et comme la trace verticale d'une droite située dans un plan doit appartenir nécessairement à la trace verticale de ce plan, le point c', où la perpendiculaire ec' rencontre ba', est la trace verticale de la droite menée par le point D, parallèlement à bc; si donc on mène $e'd'$ parallèle à la ligne de terre, on aura ainsi la projection verticale de la même droite; la projection verticale du point D sera donc déterminée par l'intersection de $c'd'$ avec une perpendiculaire à la ligne de terre, menée par le point d.

Supposons que l'on veuille rabattre le point D sur le plan horizontal, en faisant tourner le plan $a'bc$ autour de sa trace horizontale. Dans ce mouvement de révolution, le point e' décrira un arc de cercle dont le plan, perpendiculaire à la charnière bc, sera par conséquent perpendiculaire au plan horizontal; la trace verticale du plan de cet arc sera donc $e'e$, et sa trace horizontale, ee'' perpendiculaire à bc; ce sera donc sur ee'' que se rabattra le point e'. D'ailleurs, ce point doit rester toujours à la même distance du point b; par conséquent, si l'on décrit du point b comme centre, et avec le rayon be', un arc de cercle qui rencontre la perpendiculaire ee'' au point e'', ce point sera le rabattement du point e', et la trace verticale du plan se trouvera rabattue suivant be''. La droite que l'on suppose menée par le point D parallèlement à bc, doit être restée pendant le rabattement, parallèle à bc, et l'un de ses points étant rabattu en e'', cette droite sera rabattue suivant $e''D_1$, parallèle à bc. D'un autre côté, le point D, en tournant avec le plan $a'bc$, décrit un arc de cercle dont le plan, perpendiculaire à bc, coupe le plan horizontal suivant une droite dD_1 perpendiculaire à bc, en sorte que le point D sera rabattu au point D_1, intersection de cette perpendiculaire avec la droite $e''D_1$.

Supposons actuellement que ac soit la projection horizontale d'une droite située dans ce plan. Cette droite devant avoir ses traces sur celles du plan, le point c, où la projection horizontale de la droite rencontre la trace horizontale du plan, est la trace horizontale de cette droite, laquelle trace se projette verticalement sur la ligne de terre, au point c'; de même, le point a, où la projection horizontale de la droite rencontre la ligne de terre, est la projection horizontale de la trace verticale de cette droite, et si on mène aa' perpendiculaire à la ligne de terre, jusqu'à la rencontre de la trace verticale du plan au point a', ce point a' est la trace verticale de cette droite, qui sera par conséquent projetée verticalement suivant $a'c'$.

Si l'on rabat cette droite sur le plan horizontal, en faisant tourner le plan $a'bc$ autour de bc, la trace horizontale c restera immobile, et la trace verticale a' se rabattra sur be'', à une distance du point b égale à ba', de sorte que si on décrit un arc de cercle du point b comme centre, et avec le rayon ba', l'intersection a'' de cet arc de cercle avec be'', sera le rabattement du point a', et la droite sera rabattue suivant $a''c$.

Déterminer, par la méthode des rabattements, le centre et le rayon du cercle qui passe par trois points.

Soient (a, a'), (b, b'), (c, c') trois points donnés; nous allons déterminer, par la méthode des rabattements, le centre et le rayon du cercle qui passe par ces trois points (Pl. XIV, fig. 5).

Commençons par chercher les traces du plan de ce cercle. Pour cela, je joints les points donnés deux à deux par des droites $(ab, a'b')$, $(bc, b'c')$, $(ac, a'c')$, lesquelles ayant chacune deux points dans le plan cherché, y seront contenues tout entières; puis construisons les traces verticales e', f', et g' de ces droites. Alors ces trois points, qui doivent évidemment appartenir à l'intersection du plan inconnu avec le plan vertical de projection, se trouveront nécessairement en ligne droite, et seront plus que suffisants pour déterminer la trace verticale $e'f'g'$ du plan. De même, la trace horizontale dhk de ce plan s'obtiendra en construisant les traces horizontales d, h et k des trois droites auxiliaires; d'ailleurs, les deux lignes $e'g'$ et dh ainsi obtenues, devront aller rencontrer la ligne de terre en un même point q, ce qui offrira une nouvelle vérification des constructions antérieures.

Cela posé, je rabats le plan $g'qk$ sur le plan horizontal, en le faisant tourner autour de sa trace horizontale comme axe. Les points e', f', g' se rabattent en e'', f'', g'', et la trace verticale du plan se trouve rabattue en $qc''f''g''$; tandis que les trois droites étant rabattues en $e''d$, $f''h$ et $g''k$, le point A est rabattu sur l'intersection de $c''d$ avec $g''k$, le point B sur l'intersection de $e''d$ avec $f''h$, et le point C sur l'intersection de $f''h$ avec $g''k$. Comme vérifications, les droites Aa, Bb, Cc, doivent être perpendiculaires à la droite qk, autour de laquelle on a effectué le rabattement.

Décrivons maintenant une circonférence qui passe par les trois points A, B, C, et soit O le centre de cette circonférence : relevons le plan afin de chercher les projections de ce point. Si nous traçons Od qui rencontre qg'' au point m'', cette droite représente le rabattement d'une droite passant par le centre du cercle, et ayant pour trace horizontale le point d, et pour trace verticale le point qui est rabattu en m''; nous trouverons cette trace, en décrivant du point q comme centre, et avec le rayon qm'', un arc qui rencontre qg' au point m'. Par conséquent md et $m'd'$ sont les deux projections d'une droite sur laquelle est située le centre du cercle. Or, dans le rabattement, le point a dû se rabattre sur une droite passant par sa projection horizontale, perpendiculairement à l'axe, de sorte que si on mène Oo perpendiculaire à qd, jusqu'à la rencontre de dm, le point de rencontre o sera la projection horizontale du centre, et la projection verticale sera en o', intersection de $d'm'$ avec une perpendiculaire à la ligne de terre, menée par le point o.

Ainsi le centre du cercle cherché est projeté en (o, o'), et la longueur du rayon est OA.

Déterminer, par la méthode des rabattements, la distance d'un point à une droite.

Faisons passer un plan (Pl. XIV, fig. 6) par le point (c, c') et par la droite $(ab, a'b')$; il suffira de joindre (c, c') avec (a, a'), et de chercher les traces verticales des deux droites $(ab, a'b')$ et $(ac'\ a'c')$: alors $b'd'q$ et qa seront les traces du plan auxiliaire dont nous venons de parler. Cela posé, rabattons ce plan autour de sa trace horizontale aq, et supposons qu'il entraîne avec lui la droite et le point donnés. Dans ce mouvement de révolution, le point $(b,\ b')$ se rabattra en b'', et la droite proposée ainsi que la trace qb' se trouveront rabattues suivant ab'' et qb''. De même, en tirant les perpendiculaires dd'' et cc'' sur la charnière aq, on verra que la ligne $(acd, a'c'd')$ se rabat suivant ad'', et le point $(c,\ c')$ se transporte en C. Alors, dans le plan horizontal où toutes les données sont maintenant rabattues, sans que leurs positions respectives aient changé, nous pourrons abaisser sur ab'' la perpendiculaire CM, et ce sera la distance cherchée.

Projections d'une courbe.

La projection d'une courbe sur un plan est la ligne formée par les projections de tous les points de cette courbe. Par exemple, la projection de la courbe ABCDE, sur le plan MN, est la courbe $abcde$ (Pl. XIV, fig. 7), qui passe par les points a, b, c, d, e, projections respectives des points A, B, C, D, E. Les droites Aa, Bb....., qui projettent les différents points de la courbe, forment une surface cylindrique qu'on appelle le *cylindre projetant* de cette courbe.

Les sections faites dans un cylindre par deux plans parallèles qui rencontrent toutes les génératrices étant des figures égales, il en résulte qu'une courbe plane se projette en vraie grandeur sur tout plan parallèle à celui qui la contient.

La projection d'une courbe plane est une ligne droite, lorsque le plan de cette courbe est perpendiculaire à celui sur lequel on la projette, car le cylindre projetant devient alors un plan, dont l'intersection avec le plan de projection est une droite.

Une courbe n'est pas déterminée quand on connaît sa projection sur un plan, parce que toutes les courbes tracées sur le même cylindre projetant ont la même projection, mais si on donne la projection horizontale et la projection verticale d'une courbe, cette courbe sera déterminée par l'intersection de deux cylindres projetants.

Exemple du cercle.

Nous allons examiner comment on peut construire les deux projections d'un cercle, en supposant les trois cas où le plan du cercle est : 1° perpendiculaire à la ligne de terre ; 2° parallèle à l'un des plans de projection ; 3° perpendiculaire à l'un des plans de projection, et oblique à l'autre.

1° Si le plan du cercle est perpendiculaire à la ligne de terre (Pl. XIV, fig. 8), il est aussi perpendiculaire aux deux plans de projection, qu'il coupe suivant deux droites ab et ac' perpendiculaires à la ligne de terre, et sur chacune desquelles il doit être projeté suivant une droite égale à son diamètre, de sorte que le centre étant projeté par exemple en o, o', si on prend de part et d'autre les distances ob et od, $o'c'$ et $o'e'$ égales au rayon, bd sera la projection du diamètre parallèle au plan horizontal, et ce sera en même temps la projection horizontale du cercle ; de même, $c'e'$ sera la projection du diamètre parallèle au plan vertical, et sera en même temps la projection verticale du cercle.

2° Si le plan du cercle est parallèle au plan horizontal, sa trace verticale $m'n'$ est dès lors parallèle à la ligne de terre (Pl. XIV, fig. 9). Soient o et o' les projections du centre de la circonférence ; cette courbe se projette en vraie grandeur sur le plan horizontal. On a donc sa projection horizontale en décrivant une circonférence du point o comme centre, avec un rayon oa égal à celui du cercle. Quant à la projection verticale, elle doit être la même que celle du diamètre parallèle au plan vertical. Pour en déterminer les extrémités, il suffit donc de prendre sur la ligne $m'n'$, de part et d'autre du point o', les longueurs $o'a'$ et $o'b'$ égales au rayon oa de la circonférence.

3° Si le plan du cercle est perpendiculaire au plan vertical, et oblique au plan horizontal, sa trace verticale $m'n'$ est une oblique à la ligne de terre (Pl. XIV, fig. 10). Soient o et o' les projections du centre de la circonférence ; la projection verticale est la même que celle du diamètre parallèle au plan vertical, et on la déterminera en prenant sur $m'n'$, de part et d'autre de o' les longueurs $o' a'$ et $o'b'$ égales au rayon.

La projection horizontale de ce diamètre doit être parallèle à la ligne de terre ; on l'obtiendra en menant, par le point o une parallèle à la ligne de terre, et sur cette parallèle on abaissera des perpendiculaires des points a' et b', qui détermineront ab, projection horizontale du diamètre AB, qui est projeté verticalement suivant $a'b'$. Si nous appelons CD le diamètre perpendiculaire à AB, ce diamètre perpendiculaire au plan vertical, est projeté verticalement suivant un point o', et horizontalement en vraie grandeur, suivant une perpendiculaire à la ligne de terre. On déterminera cette projection horizontale en prenant de part et d'autre de o, oc et od égales au rayon. La projection horizontale du cercle est donc une courbe passant par les points a, b, c, d.

Pour déterminer d'autres points de cette projection, remarquons d'abord que si on trace dans le cercle des cordes parallèles au diamètre CD, ces cercles étant perpendiculaires au plan vertical, chacune d'entr'elles se projette suivant un point sur le plan vertical, et sur le plan horizontal suivant une perpendiculaire à la ligne de terre. Un point quelconque e', pris sur $a'b'$, doit donc être considéré comme la projection des deux extrémités d'une telle corde, EF, et les deux extrémités de cette corde doivent être horizontalement projetées en deux points distincts d'une perpendiculaire menée par le point e' sur la ligne de terre.

20

Supposons maintenant que l'on fasse tourner le plan de ce cercle autour du diamètre CD, jusqu'à ce qu'il soit devenu parallèle au plan horizontal. Sa projection verticale sera devenue alors une droite $a'_1 b'_1$ menée par le point o' parallèlement à la ligne de terre, et de même longueur que $a'b'$, pendant que la projection horizontale sera la circonférence $a_1 c b_1 d$. Dans ce mouvement, le point A a décrit un arc de cercle parallèle au plan vertical, et projeté en vraie grandeur suivant l'arc $a a'_1$ décrit du point o' comme centre; la projection horizontale de ce même arc est une droite $a a_1$ parallèle à la ligne de terre. Les deux points E et F ont pareillement décrit deux arcs parallèles au plan vertical, et dont les projections verticales sont confondues en une seule, qui est l'arc $e e'_1$ décrit du point o' comme centre : ces deux points sont donc actuellement projetés horizontalement en e_1 et en f_1 intersections de la circonférence $a_1 b_1 c d$ avec une perpendiculaire à la ligne de terre menée par le point e'_1. Les deux arcs qui se projettent verticalement suivant $e e'_1$ sont donc horizontalement projetés suivant deux parallèles à la ligne de terre menées par les points e_1 et f_1; de sorte que l'on trouvera quelles étaient, avant la rotation du cercle, les projections horizontales des deux points E et F en déterminant l'intersection de ces deux parallèles avec la perpendiculaire menée de e' sur la ligne de terre. Quand on aura déterminé par ce procédé un nombre de points suffisant appartenant à la projection horizontale du cercle, on tracera cette projection en unissant tous ces points par un trait continu, qui représentera la projection avec d'autant plus d'exactitude qu'on en aura déterminé un plus grand nombre de points.

Projections d'un cube.

Quand on représente les deux projections d'un corps, il faut supposer qu'on soit placé en avant du plan vertical ou au-dessus du plan horizontal, selon que la projection qu'on regarde est verticale ou horizontale, et considérer cette projection comme la perspective du corps vu à une distance infinie du plan de projection. Cette convention admise, on trace en lignes pleines et continues les projections des parties du corps situées sur sa surface antérieure, et en points ronds les projections de celles qui se trouvent sur la surface postérieure, parce que les premières sont visibles et les secondes cachées par le corps lui-même.

Cela posé, proposons-nous de représenter, à l'échelle de $\frac{1}{100}$, un cube dont le côté égale 14 décimètres, et qui est placé de manière que l'une de ses faces, parallèle au plan horizontal, en soit distante de 5 décimètres, pendant qu'une autre, parallèle au plan vertical, en est éloignée de 9 décimètres (Pl. XIV, fig. 11).

Je trace sur une feuille de papier la ligne de terre LT, et dans le plan horizontal, à 9 millimètres de la ligne de terre, une droite ab de 14 millimètres de longueur, sur laquelle je construis le carré $abcd$, qui est la projection horizontale de la base inférieure du cube ABCD. L'arête AE, perpendiculaire à la base, se projette tout entière au point a, l'arête BF au point b, l'arête CG au point c, et l'arête DH au point d; les faces ABFE, BCGF, CDHG, ADHE, se projettent donc horizontalement suivant les droites ab, bc, cd, ad, la base supérieure suivant le carré $abcd$; par conséquent ce carré est toute la projection horizontale du cube.

Pour avoir sa projection verticale, je trace des deux sommets a et b des perpendiculaires sur la ligne de terre, que je prolonge jusqu'en a' et en b', d'une quantité égale à 5 millimètres. La droite $a'b'$ représente alors la projection verticale de la base inférieure du cube, et si sur cette droite on construit le carré $a'b'f'e'$, ce carré représente la projection verticale de la face ABFE; les arêtes AD, BC, FG, EH, se projettent aux points a', b', f', e', les faces ABCD, BCGF, EFGH, ADEH, suivant les droites $a'b'$, $b'f'$,

$e'f'$, $a'e'$, la face CDGH suivant $f'e'$, et ce carré est la projection verticale de tout le cube.

Proposons-nous maintenant de représenter à la même échelle, les deux projections du même cube, en supposant la base inférieure placée dans le plan horizontal, l'arête AE étant à 5 décimètres, et l'arête BF à 9 décimètres du plan vertical.

Dans le plan horizontal, je marque un point A à 5 millimètres de la ligne de terre ; ce point représente la projection horizontale de l'arête AE ; je détermine ensuite un point B qui soit l'intersection d'une circonférence de 14 millimètres de rayon, décrite du point A comme centre, avec une parallèle distante de 9 millimètres de la ligne de terre ; j'obtiens ainsi le côté AB, sur lequel je construis le carré ABCD, qui représente la base inférieure du cube, et en même temps la projection horizontale du corps tout entier.

De chacun de ces points, je mène sur la ligne de terre, des perpendiculaires qui la rencontrent aux points a', b', c', d', et je prolonge toutes ces perpendiculaires de quantités $a'e'$, $b'f'$, $c'g'$, $d'h'$, respectivement égales aux arêtes du cube, et dont je réunis les extrémités par la droite $f'g'c'h'$, qui représente la projection verticale de la base supérieure du cube, de même que $b'c'a'd'$ est celle de la base inférieure. Les arêtes latérales sont donc projetées verticalement suivant les droites $a'e'$, $b'f'$, $c'g'$, $d'h'$; on trace $a'e'$ en points ronds, parce que cette arête appartient à la surface postérieure du cube, et les faces latérales sont projetées verticalement suivant les rectangles $c'd'g'h'$, $a'd'h'e'$, etc.

Projections d'une pyramide.

Soit encore proposé de représenter à l'échelle de $\frac{1}{100}$, une pyramide dont la base horizontale est un hexagone régulier de $1^m,3$ de côté, placé de manière qu'un des côtés est parallèle au plan vertical, la hauteur de cette pyramide est de 3ᵐ,1, et son pied est à 5ᵐ,9 de l'une des extrémités du côté parallèle au plan vertical, à 6ᵐ,2 du sommet suivant, et à 4ᵐ,3 du plan vertical.

Je commence par tracer un hexagone régulier ABCDEF, dont le côté est de 13 millimètres, et qui par conséquent représente la base de la pyramide : des points A et F comme centres, avec des rayons respectivement égaux à 59 et à 62 millimètres, je décris deux arcs de cercle dont l'intersection détermine la projection horizontale s du sommet, et je tire les droites sA, sB, sC, sD, sE, sF, qui représentent les projections horizontales des différentes arêtes latérales. Du point s je mène ensuite une droite perpendiculaire à la direction du côté AB, sur laquelle perpendiculaire je prends $sg = 43$ millimètres, et je mène par le point g une parallèle à AB, laquelle représente la ligne de terre, et je prolonge sg d'une quantité $gs' = 31$ millimètres, et j'obtiens ainsi la projection verticale du sommet de la pyramide. Les sommets de la base se projettent verticalement sur la ligne de terre, et comme les diagonales EA et DB sont perpendiculaires au côté AB, les points A et E ont la même projection verticale a', et les points D et B ont la même projection verticale b' : je tire les droites $s'f'$, $s'a'$, $s'b'$, $s'c'$, qui représentent les projections verticales des arêtes latérales. Les faces de la pyramide sont alors projetées horizontalement et verticalement suivant des triangles. C'est ainsi que la face SCD par exemple, est projetée horizontalement suivant scd et verticalement suivant $s'c'b'$.

Ce que, dans les arts du dessin, l'on nomme plan, élévation et coupe.

Il est souvent nécessaire de représenter sur un dessin, la forme et les dimensions exactes des différentes parties d'un édifice, d'une machine, etc. Lorsque les dimensions des objets en question sont géométriques ou susceptibles d'une mesure suffisamment approchée, le problème se résout au moyen des principes que nous avons établis. On concevra, en effet, par exemple, qu'en coupant un édifice par des plans dirigés chacun suivant des lignes particulières, et rapportant à une échelle le résultat de ces intersections, on puisse réunir des données suffisantes pour reconstruire au besoin, d'après le dessin, l'édifice lui-même.

On emploie surtout trois systèmes de plans qui portent le nom de *plan, élévation et coupe.*

On appelle *plan* la trace que laisserait sur le sol supposé horizontal, l'ensemble des parties du bâtiment ou de la machine qui s'y appuie.

On appelle *élévation* la projection sur un plan vertical de toutes les lignes que présente une face du bâtiment ou de la machine. Il y a donc autant d'élévations que de faces.

On appelle *coupe* la trace que laisserait sur un plan vertical ou horizontal l'ensemble des parties du bâtiment ou de la machine traversées par ce plan. Les coupes sont aussi nombreuses que peut l'exiger la clarté de la représentation.

Manière de représenter par plan, élévation et coupe, un bâtiment ou une machine simple.

Quand il s'agit de représenter un bâtiment par plan, on fait presque toujours une projection pour chaque étage en particulier, et l'on a ainsi le plan du rez-de-chaussée, le plan du premier étage, etc. On indique par un trait les faces différentes des murs, cheminées, piliers, etc., en interrompant ces traits partout où se présentent des ouvertures, et en remplissant par des teintes convenues l'épaisseur des parties solides. A cet effet, on prend toutes les mesures nécessaires, en employant la méthode du levé au mètre;

telle qu'elle a été expliquée dans le levé des plans, c'est-à-dire qu'on détermine la longueur de chaque mur, ainsi que son épaisseur, la longueur et la position de chaque ouverture; on en fait autant pour les marches des escaliers.

Pour représenter un bâtiment par élévation, au lieu de le projeter sur un plan vertical quelconque, on choisit ordinairement le plan de projection, de manière qu'il soit parallèle à la façade principale. L'élévation est donc, à proprement parler, la représentation de cette façade. On construit parfois les projections verticales d'autres faces du bâtiment. Les mesures nécessaires pour tracer une élévation quelconque se prennent à l'extérieur du bâtiment au moyen d'échelles ou d'échafaudages appliqués contre la façade qu'on veut représenter. On simplifie d'ailleurs ce levé en observant que les arêtes des murs, des portes et des fenêtres sont verticales, et les lignes d'assise horizontales.

Pour représenter un bâtiment par coupe, on la fait ordinairement verticale; on en indique soigneusement la direction sur le plan lui-même, et on la dessine à la même échelle que le plan et l'élévation. On figure sur le dessin de cette coupe tous les objets, tels que fenêtres, cheminées, portes, escaliers, qui se trouvent d'un même côté de cette coupe, dans les pièces qu'elle traverse. Les mesures nécessaires au tracé d'une coupe se prennent à l'intérieur du bâtiment ainsi que sur son élévation et sur les plans des différents étages. Par exemple, quand on veut représenter sur une coupe une cheminée déjà indiquée sur le plan, on prend avec un compas les dimensions marquées sur le plan, et on les porte sur la coupe.

Pour tracer le plan d'une machine simple, on prend les mesures nécessaires en s'aidant d'un mètre, d'un fil, d'un compas ordinaire et d'un compas d'épaisseur pour les parties qui présentent des formes arrondies. Ainsi le plan d'une presse hydraulique représentera par deux cercles les deux cylindres, et les pistons par des cercles concentriques aux premiers, et le tube de communication sera indiqué par un rectangle unissant les deux cercles.

On prend de la même manière les mesures nécessaires au tracé de l'élévation, en se servant de celles qui auront été prises pour le plan. Dans l'élévation d'une presse hydraulique, par exemple, les deux cylindres seront représentés par deux rectangles, et les pistons seront indiqués, non à l'intérieur de ces rectangles, mais seulement à leur partie supérieure, le plus petit par la manivelle qui le fait mouvoir, et le plus grand par la plate-forme qui le surmonte.

Le mode de représentation par coupe est nécessaire pour faire connaître avec exactitude les détails intérieurs d'une machine. Ainsi, dans le cas d'une presse hydraulique, on fera une coupe suivant les axes des deux cylindres, afin de montrer les soupapes qui sont adaptées au canal de communication, ainsi que la forme des deux pistons.

Projection d'un cylindre vertical, à base circulaire.

Proposons-nous de représenter, à l'échelle de $\frac{1}{100}$, un cylindre vertical, dont la hauteur est de $2^m,1$, et la base un cercle de $2^m,4$ de diamètre.

Je trace dans le plan horizontal, un cercle dont le rayon ait 12 millimètres ; ce cercle représente la projection horizontale du cylindre (Pl. XV, fig. 1). Je mène du centre o une perpendiculaire à la ligne de terre, et je la prolonge d'une quantité co' égale à 21 millimètres ; co' représente alors la projection verticale de l'axe ; traçant ensuite aob parallèle à la ligne de terre, je mène des points a et b des perpendiculaires à la ligne de terre ; je les prolonge jusqu'en a' et b', de 21 millimètres, et la projection verticale du cylindre est le rectangle qui a pour base $a'b'$, et pour hauteur co'.

Projections d'un cylindre incliné, à base circulaire.

On peut représenter de deux manières différentes les projections d'un cylindre incliné, suivant que l'on suppose l'axe parallèle ou non au plan vertical.

Remarquons d'abord que lorsque deux droites sont parallèles, leurs projections sur un même plan sont nécessairement parallèles, car si d'un point de chacune d'elles on mène une perpendiculaire au plan de projection, ces deux perpendiculaires seront parallèles entr'elles, et le plan déterminé par une de ces droites et une perpendiculaire au plan est parallèle à celui que détermine l'autre droite et une perpendiculaire au même plan; les plans projetants des deux droites sont donc parallèles entr'eux, et par conséquent leurs intersections avec le plan de projection, qui sont les projections des deux droites, seront parallèles.

Cela posé, nous allons représenter à l'échelle de $\frac{1}{100}$, un cylindre incliné, dont l'axe, long de $3^m,2$, fait avec la base un angle de 78°, et dont le cercle de base a un diamètre de $2^m,5$ (Pl. XV, fig. 2).

Je trace dans le plan horizontal un cercle dont le diamètre ab ait une longueur de 25 millimètres, et je projette ce cercle sur la ligne de terre en $a'b'$. Par les deux points a et b' je mène deux droites, faisant avec la ligne de terre un angle de 78°; ces droites seront les projections des deux arêtes qui ont pour traces horizontales a et b, car elles se projettent horizontalement suivant le diamètre ab parallèle à la ligne de terre. Sur les deux droites $a'd'$ et $b'e'$ je prends des longueurs égales à 32 millimètres, puisque les arêtes se projettent verticalement en vraie grandeur; en traçant $d'e'$, on aura la projection verticale de la base supérieure du cylindre. Le point d' se projette horizontalement au point d de la droite ab, et le point e' se projette au point e de la même droite; ainsi *de* est la projection horizontale de celui des diamètres de la base supérieure, qui est parallèle au plan vertical, et, en décrivant le cercle qui a pour diamètre *de*, on obtient la projection horizontale de cette base. La projection verticale du cylindre est alors le parallélogramme *a'b'c'd'*.

Quant à la projection horizontale, on remarquera que les projections horizontales des arêtes étant des droites parallèles à la ligne de terre, si on mène aux deux circonférences égales *ab* et *de* deux tangentes communes extérieures *gh* et *ik*, ces deux tangentes devant être parallèles à la ligne des centres, comprennent entr'elles les projections horizontales de toutes les arêtes, et achèvent la représentation de la projection horizontale du cylindre. La demi-circonférence *gbi* doit être représentée en points ronds, car elle est invisible pour celui qui regarde d'en haut.

Proposons-nous encore de représenter, à l'échelle de $\frac{1}{100}$, un cylindre dont la base est un cercle de $2^m,5$ de diamètre, placé à 4 décimètres du plan vertical. On déterminera l'une des extrémités du diamètre parallèle au plan vertical en cherchant le point de la circonférence de base qui est à $0^m,4 + 1^m,25$ du plan vertical, puis appliquant une règle le long du cylindre, à partir de cette extrémité, jusqu'à la rencontre du plan vertical, on déterminera la trace verticale de cette arête, et au moyen d'un fil-à-plomb, on mesure la hauteur de cette trace, que je supposerai de $2^m,5$ et la distance du pied du fil-à-plomb à la trace horizontale de la même arête; distance que je supposerai de $2^m,3$.

Après avoir tracé une droite destinée à représenter la ligne de terre, je prends dans le plan horizontal, un point *o* à 16 millimètres et demi de la ligne de terre, et de ce point comme centre, je décris un cercle de 25 millimètres de diamètre (Pl. XV, fig. 3). Ce cercle représente la base du cylindre; je trace le diamètre *ab* parallèle à la ligne de terre; je détermine sur la ligne de terre un point *c* qui soit

à 23 millimètres de a ; ce point figure la projection horizontale de la trace verticale de l'arête qui a pour trace
horizontale le point a, et je mène perpendiculairement à la
ligne de terre une droite cc' de 25 millimètres de longueur ;
le point c' sera la trace verticale de l'arête qui aura ainsi ac
pour projection horizontale, et $a'c'$ pour projection verticale.

Les projections horizontales des arêtes devant être des
droites toutes parallèles à ac, je figurerai le contour appa-
rent du cylindre sur le plan horizontal en traçant le
diamètre de perpendiculaire à ac, et menant par les points
d et e deux parallèles à ac jusqu'à la rencontre de la ligne
de terre aux points f et g ; ces deux parallèles seront en
effet tangentes à la circonférence oa, et en conséquence, la
demi-circonférence dae sera figurée en points ronds.

Cherchons actuellement la courbe par laquelle le cylindre
adhère au plan vertical. Il suffit pour cela de marquer les
traces verticales des arêtes et de faire passer un trait continu
par ces différents points ; on obtient d'abord les traces f' et g'
des arêtes qui sont projetées horizontalement en df et eg,
en remarquant que les projections verticales des arêtes
doivent être toutes parallèles à $a'c'$; on cherche de la même
manière la trace verticale h' de l'arête qui a pour trace
horizontale le point b. Prolongeant ensuite ca jusqu'à la rencontre de la circonférence au point i, on détermine la trace
horizontale i d'une arête dont la trace verticale se trouve
sur cc' au point k' ; la projection horizontale bh rencontrant
la circonférence de base au point l, ce point est la trace
horizontale d'une arête dont la trace verticale est sur hh'
au point m'. Enfin, je mène par le centre un diamètre np
parallèle aux projections horizontales des arêtes ; les points n
et p sont les traces horizontales de deux arêtes qui ont leurs
traces verticales aux points q' et r'. J'ai actuellement un
assez grand nombre de points pour représenter la trace
verticale du cylindre. Il est bon de remarquer que cette
courbe, ne pouvant dépasser les droites $a'c'$ et $b'h'$, entre

lesquelles elle est comprise tout entière, est tangente à ces deux droites; de même, étant comprise toute entière entre les deux perpendiculaires ff' et gg' à la ligne de terre, elle est tangente à ces deux autres droites, et la partie $c'g'h'$, invisible, doit être tracée en points ronds.

FIN.

NOTE.

Volume du tronc de prisme triangulaire.

Un tronc de prisme triangulaire est le polyèdre qui
reste, quand, après avoir coupé un prisme triangulaire par
un plan, on enlève un des deux polyèdres. Ce corps est
donc un pentaèdre dont deux faces sont des triangles, et
dont toutes les autres faces sont des trapèzes ayant pour
bases les droites qui vont de l'une des faces triangulaires
à l'autre. Les deux triangles sont appelés les deux bases du
tronc de prisme triangulaire.

Soit (Pl. XV, fig. 12) ABCDEF un tronc de prisme triangulaire.

Par le point E et la droite AC, faisons passer un plan
qui coupe la face ABED suivant la diagonale AE, et la face
BCFE suivant la droite CE. Le tronc sera ainsi décomposé
en deux pyramides, l'une triangulaire EABC, l'autre quadrangulaire, EACFD. La pyramide triangulaire EABC a
pour base la base ABC du tronc, et pour sommet le
point E, qui est un des sommets de l'autre base.

Quant à la pyramide quadrangulaire, elle équivaut à
une autre qui, ayant la même base ACFD, aurait son
sommet au point B, car la droite BE étant parallèle à AD,
est parallèle au plan ACFD. Or, en menant la diagonale AF,
nous décomposerons cette dernière pyramide quadrangulaire en deux autres triangulaires, ayant pour sommet
commun le point B, et pour bases les deux triangles ACF

et ADF. Celle qui a pour base le triangle ACF peut être considérée comme ayant son sommet au point F. Alors elle a pour base la base ABC du tronc, et pour sommet le point F qui est un second sommet de l'autre base

Si maintenant nous examinons la pyramide qui a son sommet au point B, et pour base le triangle ADF, nous verrons qu'elle peut être considérée comme ayant son sommet au point F : alors elle a pour base le triangle ABD ; elle est donc équivalente à une autre qui, ayant la même base, aurait son sommet au point C, car la droite CF étant parallèle à AD, est parallèle au plan ABD. Or, cette dernière peut être considérée comme ayant son sommet au point D : alors elle a pour base la base ABC du tronc, et pour sommet le point D, qui est le troisième sommet de l'autre base.

Nous conclurons de là que :

Un tronc de prisme triangulaire est équivalent à la somme de trois pyramides qui auraient pour base commune une des bases du tronc, et pour sommets respectifs, les trois sommets de l'autre base.

Si le tronc de prisme triangulaire était droit, c'est-à-dire si les arêtes latérales étaient perpendiculaires au plan de l'une des bases ABC, les hauteurs des trois pyramides seraient égales aux trois arêtes latérales, et le volume du tronc serait égal au produit de cette base par le tiers de la somme des arêtes latérales.

Si le tronc de prisme triangulaire n'est pas droit, on peut le couper par un plan perpendiculaire à ses trois arêtes : la section ainsi obtenue est appelée *section droite*. Elle décompose le tronc de prisme en deux autres qui sont droits ; chacun d'eux a donc pour volume le produit de la section droite par le tiers de la somme de ses arêtes latérales, de sorte que, si on ajoute les deux volumes ensemble, la section droite se trouvera multipliée par le tiers de la somme des arêtes de l'un et de l'autre troncs partiels, c'est-à-dire par le tiers de la somme des arêtes du tronc total.

Le volume d'un tronc de prisme triangulaire a donc pour mesure le produit de l'aire de sa section droite, par le tiers de la somme de ses arêtes latérales.

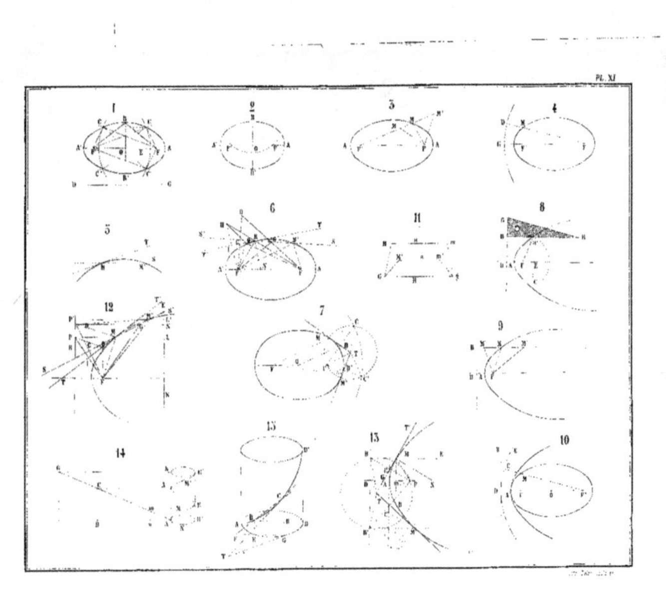

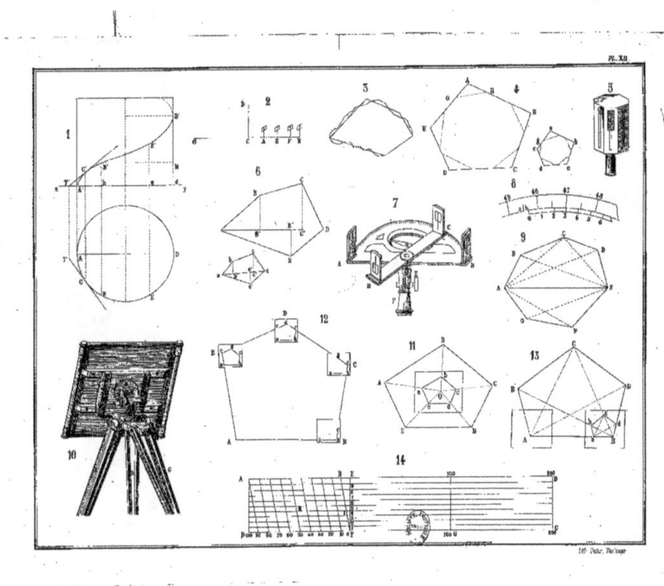

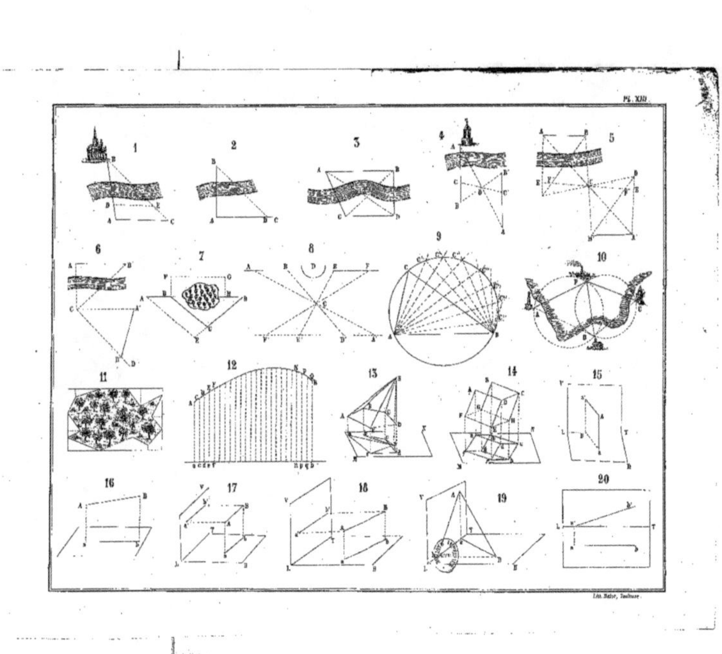

Pl. XIII
Lith. Bajot, Toulouse.

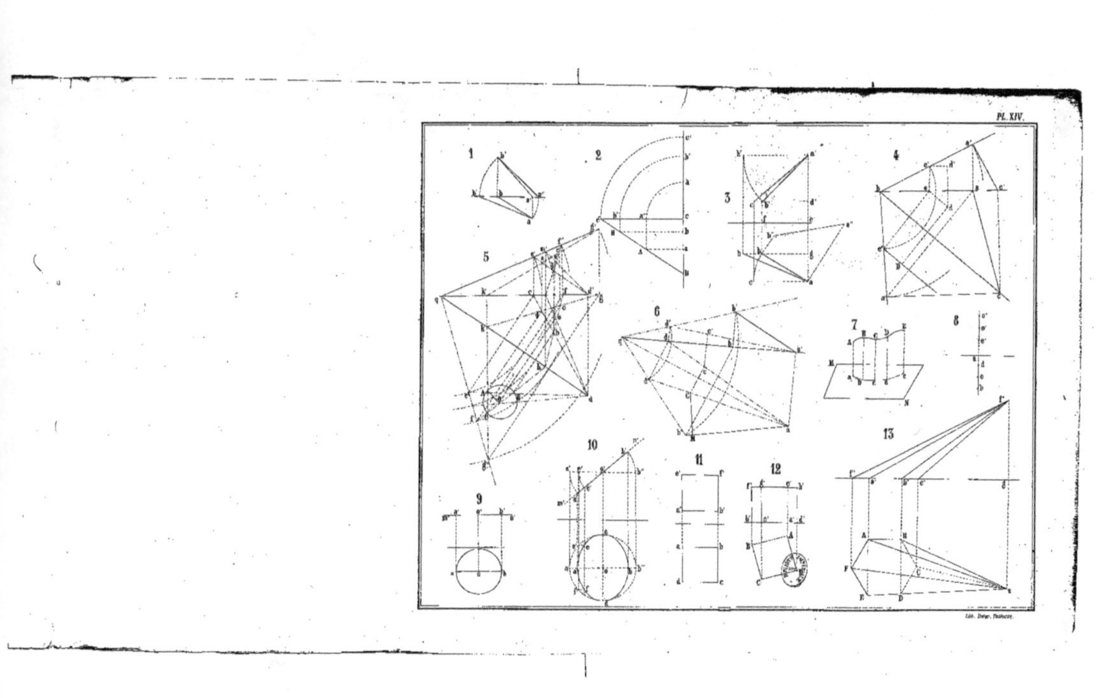

Pl. XIV.
1
2
3
4
5
6
7
8
9
10
11
12
13
Lith. Dulos, Toulouse.

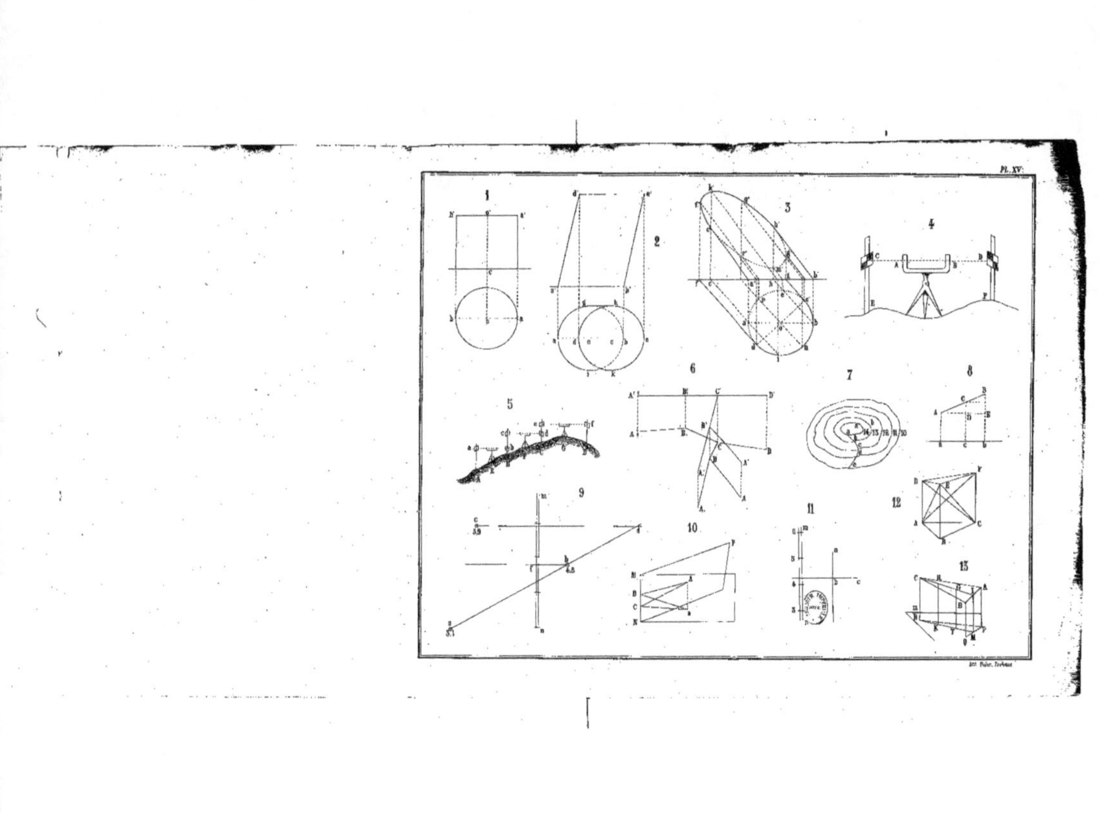
PL. XV.
1
2
3
4
5
6
7
8
9
10
11
12
13